海洋与人类

科普丛书

总主编　吴立新

海洋生物溯古

冯伟民 ◎ 主编

中国海洋大学出版社

·青岛·

海洋生物溯古

主　编　冯伟民

海洋，是生命的摇篮、风雨的故乡、资源的宝库、文化交流的通路、经贸往来的航道、国家安全的屏障。"海洋对于人类社会生存和发展具有重要意义。"

海洋如同一位无私的母亲，始终慷慨地支撑着人类文明的进步。人类很早就"通舟楫之便，兴鱼盐之利"。随着时间的推移，海洋在人类社会的发展中发挥着越来越重要的作用。人类也从未停止过对海洋的探索与开发。历史告诉我们，"向海而荣，背海而衰"。

我国是海洋大国，正在向海洋强国进发。2012 年党的十八大报告明确提出了"建设海洋强国"。2017 年党的十九大报告指出："坚持陆海统筹，加快建设海洋强国"。2022 年党的二十大报告指出："发展海洋经济，保护海洋生态环境，加快建设海洋强国。"习近平总书记强调："建设海洋强国是实现中华民族伟大复兴的重大战略任务。"

提升全民尤其是青少年的海洋意识，培养海洋科技人才，是建设海洋强国的迫切需求和重要保障。科普，正是提升全民海洋意识快速而有效的途径。习近平总书记指出，科技创新、科学普及是实现创新发展的两翼，要把科学普及放在与科技创新同等重要的位置。科普教育可以引导人们亲海、爱海，增进人们对海洋的了解，激发人们认识海洋、探索海洋的热情，实现人海和谐共生的美好愿景。"海洋与人类"便是这样一套服务于海洋强国建设的科普丛书，它为我们打开了一扇通向海洋世界的大门。

海洋孕育了生命。从第一个单细胞生物的诞生到创造美好生活的人类，从遨游于海洋到漫步于陆地，在几十亿年的光阴中，海洋母亲看着她的子孙成长和繁衍。《海洋生物溯古》带我们穿越久远的时光，了解海洋精灵们的前世今生。在这里，我们迎接地球上第一批生命的诞生，赞叹寒武纪生命大爆发的绚烂，见证鱼儿"挑战自我"勇敢登陆的高光时刻……我们感受到海洋生物演化的波澜壮阔，也不禁要思考海洋与生命的未来。

海洋微生物是海洋里最不起眼的"居民"。它们的个头小到无法用肉眼直接看见。然而，它们具有非凡的能力，在维持地球生态系统平衡中发挥着关键作用，对人类的生活产生着重大而深远的影响。在《海洋微生物寻访》的陪伴下，我们一同走进海洋微生物的世界，观察它们身上独特的"闪光点"，了解这些奇特的小生命在海洋食品安全、海洋材料开发等方面给人类带来的困扰或帮助，为它们在海洋环境保护中发挥的积极作用点赞。

海洋母亲，为人类积蓄了千万"家产"，多金属结核便是其中之一。多金属结核具有重要的科学与经济价值，对深海多金属结核的开发将推动深海战略产业的发展。在《多金属结核探秘》中，我们将认识多金属结核的独特之处，知晓在海底"沉睡"许久的它是怎样被人类"唤醒"，并在人类社会中大放异彩的。多金属结核的开采会对海洋环境造成影响，面对这种情况，我们又该做些什么？答案就在这本书中。

癌症、心脑血管疾病、神经退行性疾病以及传染病等严重威胁着人类的健康。人类迫切需要创新药物研发路径。由于海洋环境复杂，生活于其中的形形色色的海洋生物，拥有着诸多结构新颖、作用显著的生物活性物质。这些生物活性物质，正是新药研发的源头活水。《海洋药物觅踪》打造了一个璀璨的舞台，为"蓝色药库"贡献力量的海洋生物"明星"华丽登场，其中既有我们熟知的珊瑚、海星，也有海鞘等"生面孔"。它们都可为我们的健康守护贡献力量。

没有海洋，便没有我们人类。人类对海洋的探索，改变着海洋，也推动着人类文明的不断进步。"建设海洋强国，必须进一步关心海洋、认识海洋、经略海洋"。"海洋孕育了生命、联通了世界、促进了发展。我们人类居住的这个蓝色星球，不是被海洋分割成了各个孤岛，而是被海洋连结成了命运共同体，各国人民安危与共。"总书记的讲话，回响在耳畔。亲爱的读者朋友，让我们阅读"海洋与人类"科普丛书，体悟海洋与人类千丝万缕的联系，感受人类探索海洋取得的丰硕成果，畅想海洋与人类更加美好的明天！

2024 年 3 月

写在前面

地球上的生命形态缤纷多彩，但相较于地球的漫长历史，生命的兴起却比较晚。海洋是生命起源地，是至关重要的演化舞台。在这舞台上，无数的海洋生物相继登场，即便如今已掩埋在古老地层中，仍令人魂牵梦萦。

地层中掩埋的无数海洋生物化石，成为人类探寻生命演化印迹、理清生命演化脉络的重要线索，写就了一部厚重的海洋生物演化史诗。通过海洋生物化石，本书将这部史诗中的重要片段和典型生物呈现于读者眼前：生命从以最原始的形式出现，一路走过古生代、中生代，来到新生代，其间，蓝细菌、海绵、菊石、三叶虫、甲胄鱼、邓氏鱼、旋齿鲨、海王龙、利维坦鲸……形形色色的海洋生物登场；数亿年前鱼类登陆迈出的一小步，成为地球生命演化的一大步，由此，两栖类、爬行类和哺乳类等更高等的生命形式诞生。翻阅本书，我们一同穿过亿万年的迷雾，在这部波澜壮阔的海洋生物演化史诗中感受生命的奇迹。

时光无法倒流，海洋生物演化史无法重现，我们只能根据化石遗迹推演海洋生命的过往。在科学技术日新月异的今天，现代分子生物学、同位素检测与分析、大数据与自动识别等新理论、新技术和新方法在海洋古生物研究中的应用为生物演化提供了许多新的证据。我们在阅读本书时，可以看到海洋古生物领域"较"新的研究成果，同时也要意识到，新证据的发现随时会向已有的成果发起挑战。比如，埃迪卡拉生物都是"失败的试验品"吗？奇虾的前肢和口器真的无坚不摧吗？每一次大灭绝后，海洋生态系统都需要经过漫长的岁月才能修复吗？……我们姑且留出想象的空间，去接纳"更"新的观点。

阅读本书时，我们能清晰地感知到这一点：海洋生物大灭绝事件与地球环境的动荡之间存在着"巧合"，生命的枯荣也在无形中推动着地球环境的演变。本书会让我们体会到生命与环境休戚与共的关系，也能留给我们关于过去的想象和关于未来的思考。

**走进
海洋古生物
世界**

**登陆——
从"鱼"到
"人"的转折**

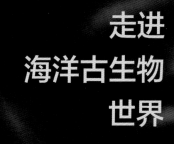

走进
海洋古生物
世界

回望地球的历史，生命演化是贯穿其中的一条清晰的主线。地球的适宜环境带来了生命发生的契机，生命的出现与繁盛也改变着地球的面貌，地球的演变与生命的演化相辅相成。"走进海洋古生物世界"这部分内容聚焦早期生命的演化进程，按照时间顺序，依次介绍古生代（寒武纪、奥陶纪、志留纪、泥盆纪、石炭纪、二叠纪）、中生代（三叠纪、侏罗纪、白垩纪）、新生代（古近纪、新近纪、第四纪）在地球生命史上扮演重要角色的海洋生物的演化历程。让我们拨开重重迷雾，探寻生命演化史的真相，倾听这跌宕起伏、波澜壮阔的生命演化乐章。

黎明前的漫长演化

浩瀚宇宙中，星云密布。在无数颗行星中有一颗与众不同，这就是地球。小小的地球在宇宙中旋转，时刻不息地编织着它的生命之网。

地球是人类迄今为止发现的唯一有生物生存的星球。这里有"桃花红，李花白，菜花黄"的五彩纷呈，有"鹰击长空，鱼翔浅底"的活力跃动，更有"高等智慧生物"人类……然而，如今地球的生命繁荣并不是一蹴而就的，而是经历了近40亿年起伏波折的漫长演化，是自然界与生物界相互作用、不断演化的结果。

地球诞生至今已有约46亿年。如果将这段漫长的历史压缩为24小时，以地球的诞生之时作为零点，人类仅在午夜12点来临的前一分钟才出现并迅速繁盛。而在此之前的绝大多数时间里，其他生命才是地球生命舞台的主角。它们依次登场，或匆然谢幕，或经久不衰。从地质学视角来看，地球的历史可划分为不同的纪元。地球诞生后约40亿年的时间称为"前寒武纪"。在这期间，生命演化的舞台几度上演精彩的剧目，从原核生命起源到真核生命起源，再到多细胞生命起源与演化。虽然几经徘徊，生物多样性发展缓慢，但这些演化如同熹微的晨光，最终点亮了寒武纪生命大爆发的天空。

序幕：从无到有——由原核生物开启的地球生物演化史

距今约 46 亿年至距今约 40 亿年的地球上，自然界正在紧锣密鼓地搭建生命演化的大舞台。其间，地球有了一个薄而连续完整的地壳。但在地壳之下，地幔物质剧烈运动导致的冲击和挤压，加上小天体的不断撞击，使得地壳凹凸不平、地震频繁、火山喷发随处可见。广泛的火山活动和巨大陨石冲击释放的气体，不断积聚，形成了原始大气圈。地壳经过冷却定型之后，表面凹凸不平，高山、平原、河床、海盆，各种地形一应俱全。

在很长的一个时期内，天空中水汽与其他气体存于一体，浓云密布，天昏地暗。随着地壳逐渐冷却，大气的温度也慢慢地降低，水汽以尘埃与火山灰为凝结核，变成水滴，越积越多。由于冷却不均，空气对流剧烈，形成雷电狂风、暴雨浊流。滔滔的洪水，通过千川万壑，汇集成巨大的水体，这就是原始的海洋。

海洋形成之后，自然界便开始搭建海洋舞台的布景，毕竟这里才是早期生命的主场。自然界通过火山爆发、电闪雷鸣等壮观场面展示着自己的威力。原始大气中的甲烷、氨气、氢气、一氧化碳和二氧化碳等物质，在闪电等复杂的条件下，或在火山附近的热泉中，或在海底热液区，合成组成生命的重要有机物之一——氨基酸。氨基酸有机小分子进而合成蛋白质。而核苷酸有机小分子也进一步合成核酸，此外还有质膜。一切都在达尔文提出的"小暖水池"中不断演变……

小链接

达尔文的"小暖水池"

英国生物学家、进化论的奠基人达尔文在给英国植物学家胡克的信中说，生命可能起源于"一个小暖水池"，其中有氨、磷酸盐、光、热、电以及其他物质……达尔文的这一设想后来演变成各种"原始汤"假说。

叠层石

叠层石是由分泌黏液的微生物，特别是能进行光合作用的蓝细菌组成的微生物席，在周期性的生命活动和沉积作用期间，捕获、粘结和胶结沉积物颗粒，在浅水或潮湿环境形成的一层叠一层的生物沉积构造。叠层石通常具有薄且交替的明暗层，或平坦，或呈丘状，或呈圆顶状。叠层石被认为是藻类繁殖形成的典型生物遗迹，其中载有丰富的古环境信息，具有重要的科学研究价值。

叠层石

菊石化石

化石

化石是保存在地层中的远古生物的遗体、遗迹和死亡后分解的有机物分子（包括生物标志物、古 DNA 残片等）等的统称。从这个定义可以看出，化石来自生物，而非包裹化石的岩石；化石必须保存在地质时期形成的岩层中。在现代沉积物中保存的生物遗体、人类有史以来的文物不属于化石。

终于，大约 40 亿年前，生命化学演化有了惊世骇俗的结果，地球上出现了最原始的生命形态——原核生物。这类生物结构简单，是微小的单细胞生物，其遗传物质没有核膜包被而分散于核区。

读到这里，或许有读者会好奇：人们是如何找到数十亿年前的生命线索的？沧海桑田，埋藏在岩石中的化石蕴含着早期生命的痕迹和脉动。科学家在格陵兰岛上找到了距今 37 亿年的叠层石，并在其中发现了生物的存在；科学家还在加拿大发现了大约 40 亿年前的铁细菌化石……仔细探寻地层中遗留的生命痕迹，人们不难剖析早期生命演化历史的片段。

在今天的海洋中存在延绵数万千米的大洋中脊，大洋中脊是大洋地壳诞生之地，这附近存在着大量热液喷口和热液生物群落。科学家发现海底热液喷口处的环境与地球早期环境非常相似：高温，缺氧，富含甲烷、氢气、硫化氢等气体。科学家通过基因测序技术勾勒出了地球生物的"生命演化树"。位于"生命演化树"根部的地球生物的共同祖先，绝大多数是从海底热液喷口附近分离得到的超嗜热微生物。因而人们猜测，地球最早的原核生物可能源自海底热液喷口附近，并且这些生物可能是细菌、古菌等原核微生物，它们依赖于热液喷口喷出的氢气、硫化物等物质获取能量。然而，目前仍旧缺少支持这些猜测的确切证据。

蓝细菌，亦称"蓝藻"，是目前有确切证据显示的地球上较早出现的

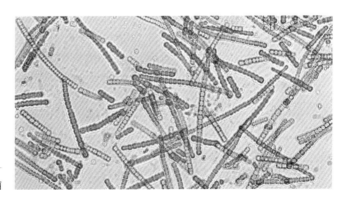

柱胞藻，一种蓝细菌

原核生物之一。直至今日，它们仍在纷繁的自然界中占有一席之位。它们的登场，拉开了地球生命演化的序幕，为之后地球生命的发展埋下了伏笔。蓝细菌体内的光合色素能进行光合作用，利用阳光、二氧化碳和水制造自身生长、繁殖所需的营养和能量，同时向外界释放氧气，俾夜作昼地改造着原始大气。要知道，早期的地球大气中是几乎不存在氧气的。与蓝细菌同期存在的其他原核生物已经适应了这样的环境，并不喜氧。而蓝细菌源源不断地向外释放氧气，会给地球生命演化带来怎样巨大的影响呢？

转折：大氧化事件与真核生物

在漫长的太古宙（40亿～25亿年前），海洋中的原核生物悄无声息地发展着，成为地球最初的"主宰"。生命演化的这一幕显得过于冗长和单调。这时，突如其来的大氧化事件奏响了真核生物的入场曲，给地球带来了多姿的生命形态。从此，地球演化舞台越来越热闹。

前面提到，蓝细菌为地球生命演化埋下了重要的伏笔。氧气，这一人类赖以生存的气体，却不为早期生命所喜爱。相反，蓝细菌制造的大量氧气成为导致厌氧生物灭绝的致命一击。海洋中的氧离子与不稳定的二价铁离子结合，大量形成铁质构造，于是过量的氧气从海洋中逃逸，逐渐在地球大气中积累。与此同时，大气中的甲烷、二氧化碳等温室气体的比例因氧气的加入而不断下降，地球的温度也因此下降。更重要的是，氧气在太阳紫外辐射下变成了臭氧。臭氧层的形成就像为地球加上了稳定的隔热套。经年累月，在距今24亿～22亿年时，大气中氧气含量的升高引起了质的变化——大氧化事件。由大氧化事件导致的地球温度下降，使产氧的蓝细菌活动受到抑制，地球进入长达3亿年的休伦冰河时代。此后，火山活动释放的巨量的热量，加之二氧化碳等温室气体含量的回升，让地球升温，冰雪融化，地球环境进入一段相对稳定的时期。

在蓝细菌登场后的 10 亿年间，氧气不断地"屠杀"地球上的厌氧原核生物。随着氧气含量的攀升，遗传物质被细胞核膜包被的真核生物应运而生。

迄今地球上最古老的生物形态学方面的证据，可能是 21 亿年前的条带状铁矿地层中的卷曲藻化石。该化石发现于美国密歇根州。从形状可以推测它是大型藻类，且已经出现了细胞功能的分化。

美国麻省理工学院的科学家根据"分子钟"的分析结果，推测真核生物或许在 23.1 亿年前悄无声息地利用氧气合成自身的固醇膜，使得它们的遗传物质和细胞具有膜包被。另外，早在 1970 年，美国细胞生物学家林恩·马古利斯提出细胞共生假说。她认为，好氧细菌被变形虫状的原始真核生物吞噬后，经过长期共生能变成线粒体；蓝细菌被吞噬后经过共生能变成叶绿体；螺旋体被吞噬后经过共生能变成原始鞭毛。真核生物是大氧化事件的产物，后来成为生物演化舞台上的新主角。

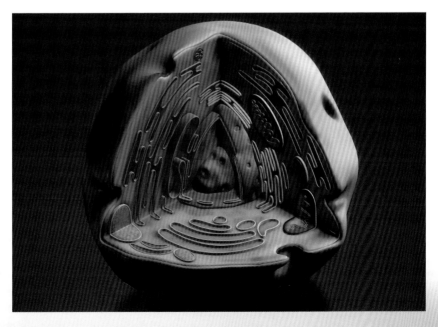

具有生物膜系统的真核细胞模型

尾声：生物演化的一次重大尝试——埃迪卡拉生物

生命自真核生物出现之后开始向多细胞的方向演化，尤其在经历了新的一轮大氧化之后，地球自然环境向有利于生物演化的方向变化，充足的氧气驱动着生物演化进行着一次又一次的尝试。其中，关键的跨越性的尝试发生在6.3亿年前至5.4亿年前，地球迎来了多细胞生物第一次盛世——埃迪卡拉纪。

埃迪卡拉生物主要是不具矿化外壳和骨骼的软体生物，它们缺乏用以运动、摄食和消化的器官，仅依靠身体与海水的接触进行营养摄入。埃迪卡拉生物形态各异，大多呈扁平状、管状。形态的改变是动物为提高摄食和呼吸能力而采用的策略之一。它们试图通过扩大体表面积以增大身体与食物和空气的接触面。然而，比起后来的生物所采取的向内折叠而形成复杂器官的策略，埃迪卡拉生物的这一做法显然是"偷懒"之举。体表面积

三臂盘虫（一种三辐射动物）化石

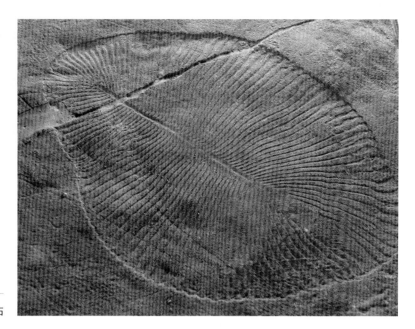

狄更逊水母化石

的增大虽然带来了更多与食物接触的机会，但也让生物体自身担负了能量需求重担。埃迪卡拉生物群最早被发现于澳大利亚 5.65 亿年前的砂岩中，其主要组成生物有海绵、水母、盾形动物、三叶形动物等。狄更逊水母是其中的典型代表。自发现以来，已被描述的埃迪卡拉生物化石超过 250 种。由于没有外壳和骨骼，它们只能以印痕的形式保留在砂岩地层中。

已知最早登上生命演化舞台的多细胞动物是海绵。海绵是一类以过滤海水中的有机物为生的多孔生物，结构较为简单。根据在加拿大西北山区发现的化石，科学家推测海绵动物最早出现于 9 亿年前。不过，要追寻已知最早的多细胞成体动物的确切证据，还得看位于我国贵州省的瓮安生物群。瓮安生物群不仅保存了大量动物胚胎化石，而且其中一枚 6 亿年前的原始海绵动物化石——贵州始杯海绵化石，是迄今为止发现的世界上最古老的成体海绵化石。

"偷懒"的演化策略虽然让埃迪卡拉生物获得了更多的食物与氧气，

但是没能让它们铸造出抵抗危险的盔甲。在埃迪卡拉纪晚期，生物已然开始了骨骼化的早期进程。一些遗迹化石表明，两侧对称的蠕虫状动物已经迈开了它们骨骼化的脚步。埃迪卡拉生物不但要面临环境变化、营养来源贫乏的危机，还要应对新型动物的严峻挑战。在多重因素的压力下，埃迪卡拉生物从生命演化舞台上匆忙谢幕，而新登场的胜利者奏着凯歌，向生命勃发的新纪元跃进。

以埃迪卡拉生物的谢幕为标志，生命的早期演化告一段落。埃迪卡拉生物在生命演化的进程中未能实现大步跨越，成为失败的试错品，终被掩埋在历史的尘埃之中，几多辉煌，几多遗憾。然而，放眼地球生命演化的历史，它们不失为一次大胆的尝试。物转星移，漫漫长夜之后终将迎来第一道曙光。生命演化的历史将从前寒武纪向寒武纪推移。多细胞生物快速演化的辉煌篇章由此开启。

贵州始杯海绵化石

寒武纪：器官大创造

埃迪卡拉生物的谢幕并未令早期的生命演化停滞，一场生命的狂欢正在海洋中酝酿。在距今 5.39 亿～4.85 亿年的寒武纪，生命演化的冲锋号响起，无数生命正大胆地沿演化的各个方向拓展，多姿而复杂的生命形态大量涌现。

寒武纪生命大爆发被认为是动物演化史上最具戏剧性的一幕：它来得太突然、太迅猛、太多样、太复杂，与达尔文提出的"由简单到复杂，由低等到高等"的生物进化论并不一致，以至于不少人怀疑它是生命繁荣的假象。人们探寻地层中的远古生命踪迹时惊讶地发现，在寒武纪早期这幕 2 000 多万年的生命演化戏剧里，地球生物一改过去 35 亿年里缓慢的演化步调，走马灯般地登上大自然的舞台。从低等的海绵动物到高等的脊索动物，短时间内众多生物的集体亮相，令我们不由得赞叹大自然的奇妙。

要了解寒武纪生命，就必须提及中国云南澄江生物群、加拿大布尔吉斯页岩生物群和中国贵州凯里生物群。透过这三大世界级页岩型生物群，如今的人们得以穿越数亿年光阴，构筑起寒武纪那热闹、恢弘的演化舞台，找寻被历史尘埃掩埋的生命足迹。

1984 年，中国科学院南京古生物研究所的侯先光来到了云南澄江的

发现于澄江生物群的
八瓣帽天囊水母化石

帽天山。在枯燥的化石寻找过程中，他偶然发现了一块来自寒武纪早期的纳罗虫化石。这块化石就像一把钥匙，打开了澄江化石地这座化石宝库的大门。澄江生物群被誉为"20世纪最惊人的发现之一"，展现了寒武纪海洋生物的勃勃生机，打破了人们对寒武纪"只有三叶虫"的认知局限。昆明鱼、帽天山开拓虾、八瓣帽天囊水母、云南虫、纳罗虫、微网虫……澄江生物群几乎包括所有现生动物门类的祖先，我们甚至可以从中寻到人类起源的线索。

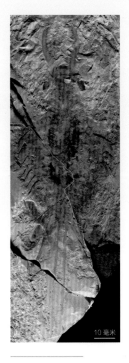

帽天山开拓虾化石

> **小链接**
>
> ### 加拿大布尔吉斯页岩生物群和中国贵州凯里生物群
>
> 　　加拿大布尔吉斯页岩生物群发现于加拿大西北落基山脉黑色页岩中的化石，集中在幽鹤国家公园内。这一化石地发现于1909年，以动物体软组织保存完好而闻名，对应年代为5.05亿年前的寒武纪中期。其中的三叶虫、奥托虫、皮卡虫等众多生物，向世人展示了寒武纪充满勃勃生机的海洋世界。
>
> 　　中国贵州凯里生物群距今约5.08亿年。从年代上看，它居于中国云南澄江生物群和加拿大布尔吉斯页岩生物群之间。该化石地位于中国贵州省剑河县。凯里生物群的化石对于人们研究寒武纪海洋生物的形态具有独特的意义。其中比较著名的化石是古老的棘皮动物——始海百合化石。

　　越来越多的寒武纪生物群被发现，如牛蹄塘生物群、关山生物群，为生物演化研究提供了丰富的资料。2019年，中国科学家公布了寒武纪古生物研究的又一重大发现——位于湖北宜昌的清江生物群。这里的化石与澄江化石相比更为精美和完整，具有较高的多样性，且清江生物群比澄江生物群的生活海域深，展现了寒武纪较深海域的生物世界，将人们对寒武纪生物的认识拓展至更广阔的生态领域。澄江生物群与清江生物群联袂展现了更加全面的寒武纪大爆发的生物面貌。

　　寒武纪早期生物与埃迪卡拉生物走上了迥然不同的演化道路。为适应

加拿大幽鹤国家公园

多变的环境，寒武纪早期生物做了各种尝试，为自身装配了各式器官。每一类器官都在生物的"军备竞赛"中得到了空前的发展。就这样，寒武纪早期生物仅用了 2000 多万年便创造出多样的生存利器。在地球生命浩瀚的历史长河中，这一刹那的百花齐放为此后的生物演化奠定了基础。通过探查寒武纪生物身体的奥秘，我们或许能复原那段辉煌的寒武纪往事。

开眼看世界

寒武纪之前的海洋动物大多漫无目的地在海底徜徉。因为缺少能够提供视觉、听觉信息的眼睛和耳朵，所以周遭的世界于它们而言，黑暗且静谧。它们对危险毫无戒备甚至一无所知。在这片温和的生命演化场中，眼睛的出现将寒武纪生物卷入激烈、残酷的生存竞争：这些"懒洋洋"的动物成了追逐猎物的猎手，同时也成了躲避危险的猎物。一场激烈的"军备竞赛"在地球生物之间展开。

现代生物的眼睛结构十分复杂，堪比构造精巧的钟表。"一步登天"获得如此复杂的结构，似乎是天方夜谭。现在已经从遗传、发育、化石、解剖等方面发现了动物界眼睛的演化历程，明确无疑地体现出从简单到复杂、从单调到多样这样普遍的演化规律。一般认为，扁形动物在基因的控制下展现了眼睛最初的形态：一个覆盖色素的凹陷，并没有成像功能。但此凹陷不但能保护脆弱的色素，更能大致区分光线的来源。在此基础上演化出了更加复杂的眼睛。

寒武纪大爆发已经出现了从原始的眼点到复眼、透镜眼等多种类型的眼睛。根据已发现的化石证据，地球上第一群"开眼看世界"的生物出现在寒武纪，而这群生物的"第一双眼睛"很可能出现在啰哩山虫身上。啰哩山虫是在澄江生物群中发现的一种叶足动物。它头部的一对原始的眼点，被认为是三叶虫、奇虾等动物眼睛的雏形。

神奇啰哩山虫化石

小链接

叶足动物

叶足动物是寒武纪的标志性生物类群。与蠕虫相比，它们一般具有柔软的叶状或管状附肢；与节肢动物相比，它们的身体分节不明显，附肢不分节。叶足动物的体表通常有外骨骼形成的骨片或骨刺。在分类学上，一般将叶足动物与节肢动物共同称为"泛节肢动物"。叶足动物包括异虫类和恐虾类，前者如怪诞虫、欢呼虫，后者如奇虾、欧巴宾海蝎。从现存的水熊虫、天鹅绒虫身上，我们不难看到它们的祖先——叶足动物欢呼虫的影子。

天鹅绒虫复原图

苍蝇复眼

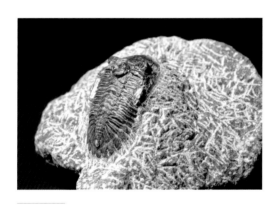

三叶虫化石

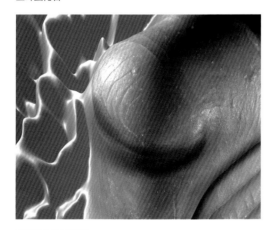

三叶虫眼睛复原图

　　复眼是寒武纪生物中最为常见的眼睛类型。在加拿大布尔吉斯页岩生物群和中国澄江生物群中，节肢动物都是最具优势的动物群。节肢动物及与其亲缘关系相近的动物群都装配了一对复眼。所谓复眼，是指眼睛由多个独立的视觉单元（小眼）组成，每个视觉单元包括感光细胞、角膜和晶状体，这些视觉单元按一定规律排成球面。这样的眼睛堪比高清摄像机，让拥有它们的生物在寒武纪海洋中如有神助，能看到更多的环境细节，捕捉到更丰富的外界运动信息，生存能力显著提升。

　　不少寒武纪生物凭借着精巧的复眼，成为生命演化史上的明星，备受瞩目。其中，最早走进人们视野的是三叶虫，它们的化石展现了迄今人们所见最完整的寒武纪生物复眼结构。三叶虫的复眼晶状体主要由方解石组成，折射度高，有助于形成图像视觉，因此三叶虫可以分辨障碍物、捕食者、

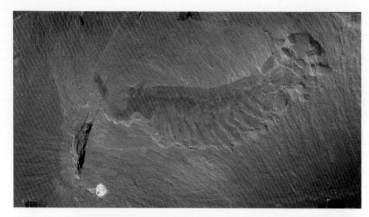

欧巴宾海蝎化石

欧巴宾海蝎复原图

庇护所等。中国澄江生物群中的麒麟虾和加拿大布尔吉斯页岩生物群中的欧巴宾海蝎，分别以 3 只和 5 只由眼柄支撑的球状复眼标新立异。人们猜测这 5 只复眼或许能为欧巴宾海蝎提供360° 的全方位视角，将周遭的猎物与潜在危险尽收眼底。来自澄江生物群的灰姑娘虫被认为可能是最早演化出复眼的生物。它们头部有一对能够转动和缩进头甲的复眼，每只复眼包含约 2 000 个小眼。较大的小眼组成视觉敏感带，能够让灰姑娘虫发现微小的食物。灰姑娘虫视角达 270°，能在紧急关头及时发现逼近的捕食者。这样看来，灰姑娘虫的复眼几乎可以与如今常见的螃蟹、虾等动物的复眼媲美。

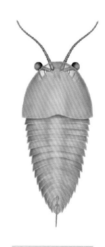

奇丽灰姑娘虫复原图

　　寒武纪的"海洋霸主"——奇虾一登场，其他生物都要逊色三分。奇虾之所以称霸一时，与它们具有当时的顶级器官配置关系密切。在澳大利亚袋鼠岛发现的奇虾复眼化石，直径达 3 厘米，包含 16 000 多个小眼，是迄今发现的最大的复眼。如此众多的视觉单元，再加上强壮的附肢和锋利的口器，为奇虾的运动和摄食提供了有力的保障，助其成为寒武纪海洋中的顶级掠食者。

　　在澄江生物群中发现的昆明鱼等最早的脊椎动物，都是透镜单眼。昆明鱼的头前部有两个明显的椭圆形黑点，呈现单透镜结构。此构造不仅在透镜体中心有一个小碗状体，还有一个波状侧面，暗示昆明鱼眼睛结构更复杂。从基因这个层面来看，脊椎动物和无脊椎动物的眼睛发育都与一些共同的基因密切相关，如一种叫 Pax6 的基因，但这两类动物是沿着不同的路径演化的。

　　地球生命的"第一双眼睛"让寒武纪动物开始看世界：它们既看清了食物，也看清了天敌。眼睛的出现就像星星之火，燎烧起了动物器官演化的原野，运动器官、保护结构、神经系统等也在动物与外界不断的信息交互中爆发式地创新和发展，驱动着寒武纪动物走向多样化。

神经系统与脊索

　　面对日益多样的生存环境和逐渐复杂的种间关系，要在优胜劣汰的残酷竞争中存活下来，寒武纪的生物必然需要更加精细的行为调控机制。在寒武纪早期的生命演化历程中，动物的身体已然呈现出两侧对称的优势，开始有前后、左右、背腹的区分。能够组织和控制复杂行为的神经系统终于在寒武纪时期登上演化舞台。

　　在这场激烈的"军备竞赛"中，节肢动物是最先装配上大脑的一类生物。在许多寒武纪生物群中，林乔利虫都较为常见。它们像现代的虾一样具有头部、体节和尾部，坚硬的头甲包裹着头部神经节膨大而形成的三分脑（包括前脑、中脑和后脑）。这样的脑部结构雏形为后来的节肢动物头部中枢神经系统的演化绘出了蓝图。随着节肢动物的演化，三分脑逐渐愈合。被视为现代昆虫祖先的抚仙湖虫也具有三分脑结构。从澄江生物群的抚仙湖虫化石上可以找到与现代昆虫的脑惊人相似的脑结构。抚仙湖虫的大脑近似两侧对称，从化石中隐约可见连接着眼部的视觉神经，可见它们的大脑已经足以高效率地处理复杂的视觉信息。科学家还细致研究了抚仙湖虫类群中的昆明澄江虾的腹神经索。腹神经索纵贯昆明澄江虾的躯体，其上的每一神经节对应着一对附肢，并发育出大量的外缘神经。

演化出神经系统的动物在寒武纪具有极强的竞争力。然而，拥有了神经系统并非意味着无懈可击。如果没有合适的结构来保护，神经系统反而可能成为动物的软肋。在神经索不断向背部集中、卷曲成管状的过程中，演化出了一条具有韧性的棒状构造将神经索固定，这就是脊索。脊索通常位于脊索动物躯体的中轴位置，它不但保护了神经系统，还起到了支撑躯体的作用。脊索的演化同样至关重要——它开启了脊椎动物演化的征程，也是人类找寻自身起源的线索。澄江

抚仙湖虫化石

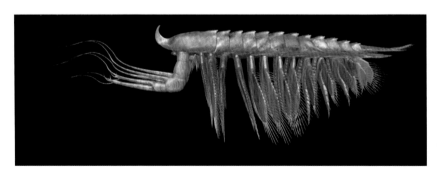

夸张林乔利虫复原图

生物群脊索动物的发现掀起了轩然大波。人类或许可以从中得到启发，透过脊索演化这个切入点溯古探源。

如今的云南澄江地区，在5亿多年前还处于一片浅海中，这里生活着许多鱼形动物。其中，昆明鱼曾被认为是脊椎动物的祖先。昆明鱼体长仅有3厘米左右，体形虽小，却"五脏俱全"。它们身体形似现今的盲鳗，背鳍和腹鳍像飘带一样，具有原始的脑、围心腔和脊椎。它们的出现，将脊椎动物最早的化石记录提早了5 000万年，是当时轰动世界的"天下第一鱼"。然而，一系列研究结果消除了分类地位争议后，云南虫成为目前所知比昆明鱼更接近脊椎动物演化源头的生物类群。蠕虫状云南虫的柔软躯体在岩层压缩之下，已呈扁扁的片状。但是从它们的化石上，仍清晰可见一个脊索状的结构贯穿身体。借由高分辨率成像手段，科学家在云南虫的咽弓上发现了软骨细胞特有的叠盘状细胞排列方式以及现代脊椎动物软骨中常见的蛋白纤维构造。云南虫和昆明鱼的先后亮相，无不彰显着寒武

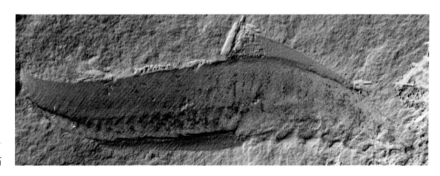

昆明鱼化石

昆明鱼复原图

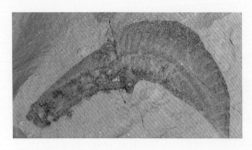

铅色云南虫化石

纪生命大爆发的惊人力量——原来，脊椎动物的祖先在距今 5 亿多年的寒武纪就出现了。

神经系统和脊索的配合对寒武纪动物来说简直如虎添翼。发达的神经系统可以快速处理外界的信息并做出反应，而脊索的存在非但没有阻碍动物的运动，而且在保护神经系统的同时为动物的运动提供了支撑力。

捷"足"者先得之

古语有言："中原逐鹿，捷足先得。"当生存竞争愈演愈烈，强壮有力的运动器官优势越发凸显，寒武纪生物也纷纷创造了自己的"足"。

叶足动物是最早获得附肢的生物类群。然而，因为缺少关节等支撑性的结构，所以大部分叶足动物仅算得上是"有腿的蠕虫"，并不具有明显的生存优势，在生命演化舞台上如昙花般短暂一现。叶足动物主要借由躯体伸缩进行提腿和前移的动作，在海底缓步行进、攀爬或钻穴。它们中的佼佼者则将生存空间扩展到更广阔的水体，畅游于海洋，甚至能借助自身其他器官的成功演化而称王称霸。

在已知的寒武纪生物中，以澄江生物群中的叶足动物数量最多，占叶足动物总数的 80%，其中不乏奇形怪状者。寒武纪生物器官大创造的盛况透过这些形态各异的叶足动物便可一览无余。

微网虫具有 9 对眼睛形的网状骨片。关于这些分布于微网虫身体两侧

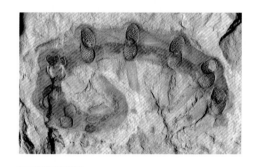

中华微网虫化石

中华微网虫复原图

的骨片，有的研究者认为这是微网虫的眼睛，具有感光作用；有的认为这是微网虫的储卵仓；还有的认为其发挥着连接足与身体的功能。一项对云南澄江生物群特异埋藏的微网虫化石标本的研究表明微网虫骨片是表皮角质层的硬化物，在蜕皮时期由下层细胞分泌形成。微网虫共有 10 对足，每一对足都从网状骨片的位置长出（身体末端的一对骨片上延伸出 2 对足）。最早被发现于加拿大布尔吉斯页岩生物群的怪诞虫，也能在澄江生物群中觅得踪迹。怪诞虫有 11 对足和 7 对长刺。由于怪诞虫的奇特，人们对它们身体结构的鉴别曾产生谬误。通过大量的化石研究，人们才意识到怪诞虫身体背面的细长结构并非足，而是用以防御的尖刺；真正的足较为柔软，位于腹部。

　　并不是所有的叶足动物都有管状或叶状的足，有的叶足动物在演化的过程中另辟蹊径。火把虫是罕见的营

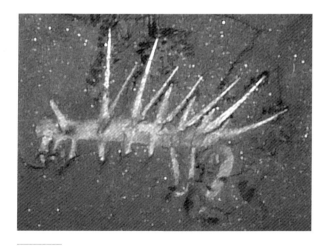

怪诞虫化石

怪诞虫复原图

火把虫复原图

欢呼虫化石

底栖管居生活的叶足动物。这类蠕虫状动物发现自澄江生物群。由于长期
适应管居生活，它们"丢掉"了身体后部的足，仅保留了身体前部用于摄
食的附肢。一个膨大的末端将生物体固定在管内。从加拿大布尔吉斯页岩
生物群中，还可找到一种足高度特化的动物——欢呼虫。这类拥有多达
30 对足的叶足动物，能用后肢将身体固定在海底礁石上，竖直身体，舞
动着前肢来过滤、摄取水中的食物。因此，它们的足主要特化出两种形态：
后肢粗短，末端长有钩爪；前肢细长，上面布满绒毛。

　　显然，柔软的叶足并不能满足动物做较长距离、快速运动的需求。叶足
动物在寒武纪繁盛一时后，便逐渐淡出生命演化的舞台。然而，它们的出现
无疑引领生物进入了一个"用脚步丈量世界"的时代。一种全新的生物生存
方式，掀起了附肢演化的浪潮，也对生物竞争和金字塔形食物链建立产生了
深刻影响。

进化的口器与摄食附肢

寒武纪的海洋中处处充满挑战。在成功的掠食者眼里，这里也充满了机遇。"工欲善其事，必先利其器。"为了提高捕食成功率、扩大捕食空间，寒武纪的不少掠食者在无数次的捕食活动中，逐渐演化出高效的摄食口器及摄食附肢。

这里又不得不提到叶足动物。叶足动物中的异足类在弱肉强食的寒武纪，常常是更强大者的"盘中餐"。与之相比，恐虾类似乎更富有"演化智慧"，它们当中诞生了威震一时的"海洋霸主"——奇虾。奇虾体形庞大，体长达 2 米，口器直径达惊人的 25 厘米，其他寒武纪生物在它们面前都

小链接

放射齿类动物的口锥

放射齿类动物的口锥位于头部腹侧，在前附肢的根部之后。口锥周围环绕着一圈齿，相对的齿在咬合时无法接触。这一圈齿当中有的比较大，因此形成了放射齿类动物口锥的三向辐射对称或四向辐射对称两种形式。三向辐射对称如加拿大奇虾的口锥，四向辐射对称如赫德虾的口锥。

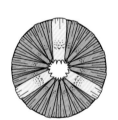

Anomalocaris spp.

加拿大奇虾口锥模式图

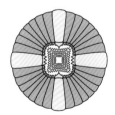

Hurdia spp.

赫德虾口锥模式图

放射齿类动物口锥化石

甘拜下风。作为放射齿目的代表物种，奇虾长有锋利的口器，对待摄食也绝不含糊。它们的吃相突出一个特点——"细嚼慢咽"，这得益于双层齿的口锥结构：口锥外围环绕着锋利的小齿，口咽部具有 8 排环形排列的齿。食物通过奇虾的口锥时，先被外围小齿粉碎，再被口咽部进一步碾磨。

奇虾在摄食活动中的无往不利，除了倚仗锋利的口器之外，还与它们头部的强大附肢不无关系。奇虾被归为一类原始的节肢动物——大附肢动物，以区别于现生的甲壳动物、昆虫等。奇虾的这对附肢呈钳状，能轻而易举地抓握住卷曲的三叶虫并送入"血盆大口"，口器再将三叶虫的外骨骼咬破。不少寒武纪三叶虫的化石上可见外骨骼带有 W 形咬痕，在奇虾排泄物中发现了瓦普塔虾碎片，这些都是奇虾作为寒武纪海洋顶级捕食者的证据。

大附肢动物是澄江生物群中的"常客"。从已发掘的化石中，可见林乔利虫、强钳虫、尖峰虫等大附肢动物。其中，林乔利虫与其他几种动物不同，它们在化石中往往成群存在，"老少"皆有。虽然它们也有一对大附肢，但附肢末端软而细长，并不能像凶猛的奇虾那样用附肢抓捕猎物。不过，林乔利虫的附肢内侧有细密的刚毛，用以过滤水中的颗粒状食物。或许正是这样精巧的结构，让林乔利虫在寒武纪海洋中不断地繁衍，扩大种群数量。生物演化的强大力量，也催生了麒麟虾这类在形态上博采众长的"嵌合体"动物。麒麟虾将欧巴宾海蝎的 5 只眼睛、奇虾的大附肢，以及节肢动物硬化的表皮、愈合的头壳、多节的躯干和内脏构造等，糅合于

麒麟虾化石

一身，打造出了"寒武纪的四不像"。

附肢的分节增强了动作的灵活性。即使是同一附肢，也可以通过分节而具有感觉、捕食、运动、挖掘等多样的功能。这类生物借助演化的力量实现了"一物多用"。

自由的呼吸

最早的海洋动物将自己充分浸入海水中，通过表皮细胞与海水进行气体交换。因为以固着生活为主、身体结构简单，它们对能量的要求并不高，所以这种低效的呼吸方式能够满足这些动物的生存需求。然而，对于处在生命演化浪潮中的寒武纪生物而言，这种简单而被动的呼吸方式远远无法满足自身的生存需要。更复杂的神经系统、更多样的生物器官、更强大的运动机能……在种种因素的推动下，生物体的耗氧量明显增加。如果仅仅通过扩大身体表面积的方式来吸入更多的氧气，则需要承担庞大躯体所产生的负重，这显然是得不偿失的。

在寒武纪的海洋世界中，平均体长仅几厘米的古虫动物似乎不太起眼，但偏偏是这类不甚起眼的古虫动物在器官大创造的"盲盒"中抽中了鳃裂这一特殊构造。古虫动物也因此被戏称为寒武纪第一只"站起来的猴子"。鳃裂是动物呼吸机能发展历程中的重要转折，是原口动物向后口动

最大的古虫动物

宏大俞元虫是已知最大的古虫动物，其正模标本全长 20.2 厘米，发现于澄江化石地。它们的鳃丝发育精细，具有与鱼类相似的鳃弓，是古虫动物发展最高峰的代表。

宏大俞元虫复原图

物转变的里程碑。古虫动物所特有的咽鳃裂内部的鳃丝密布毛细血管。水流经鳃裂部位时，鳃丝不仅能截留住水中的食物颗粒，还能通过毛细血管实现气体的交换，一箭双雕。这样看来，在使呼吸效率更上一个台阶的同时，古虫动物也省去了许多觅食的烦恼。

古虫动物虽拥有先进的咽鳃裂，却缺少较强的"身材管理"能力。古虫动物身体前部过于宽，似有头重脚轻之感。这种不匀称的体型极大地限制了古虫动物在海水中的运动，使它们在争夺食物的过程中落后于拥有流线型身体

古虫动物化石

的动物。

扩大体表以使气体交换的面积更大的策略并不为寒武纪生物所喜爱。或许有生物做过这样的尝试，但这并不是长久之策。相反，鳃裂的出现是新陈代谢的革命性事件，为呼吸器官的发展开辟了一条新道路。在寒武纪之后漫长的生命演化历史中，以鳃裂为基础，生命逐渐被赋予更高效、更复杂的呼吸器官，得以拓展更广阔、更多样的生存空间。

披上外骨骼"新装"

早期海洋动物"赤身裸体"地徜徉于海水中，毫无束缚地与海水充分接触，同时也面临着躯体完全暴露带来的诸多限制：它们想浮到水面看看天空时，裸露的皮肤容易被炽热的阳光晒伤；它们在海底匍匐前行时，柔软的腹部又可能被锋利的石块划破；它们被捕食者猎食时，软绵绵的身体毫无招架之力。

小链接

三叶虫时代

寒武纪被人们称为"三叶虫时代"，不仅因为三叶虫的数量之多，还因为三叶虫种类之繁。在目前发现的所有化石动物中，三叶虫的数量名列前茅。球接子目、莱得利基虫目、耸棒头虫目、褶颊虫目、镜眼虫目、裂肋虫目及齿肋虫目的物种都属于三叶虫。根据头甲和尾甲的大小，三叶虫可以分为等尾型、大尾型、小尾型、异尾型。

不同种类的三叶虫化石

要想生存，就得拥有演化优势，"自我保护"是生物演化的主题之一。在危机四伏的寒武纪，生物纷纷开始谋划一件具备保护功能的"新装"——外骨骼。它们通过分泌几丁质或钙质的外壳，在身体和附肢外部包裹上一层坚硬的"盔甲"。于是，寒武纪海洋开启了一场大型"时装秀"。

"寒武纪明星"之一——三叶虫，以其 3 片叶状甲壳覆盖的造型闻名遐迩。三叶虫全身可分为头、胸、尾 3 部分，坚实的背甲被两条纵沟分成明显的 3 片：中间的轴叶和两边的肋叶。三叶虫匍匐在海底，摄食着藻类和动物腐尸，即便经历了寒武纪末期的环境巨变，它们也未脱下这身装束。这不仅是它们独一无二的标签，更是它们抵抗外来袭击的盔甲。外骨骼与分节身体的完美结合，使节肢动物后来发展成为地球上最大的动物类群。凭借着这样的盔甲，寒武纪节肢动物所向披靡，它们可攻击、可御敌，是"赤身裸体"的动物所望尘莫及的。

然而，这身"新装"是盔甲，也是桎梏。外骨骼无法与生物体同步生长，成为束缚，因此，有外骨骼的动

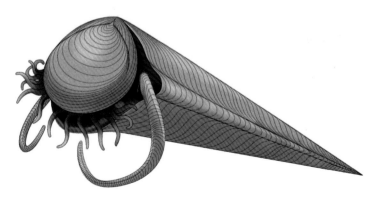

软舌螺复原图

舌形贝

翁戎螺壳

物必须定期蜕壳。每次蜕壳需要耗费大量的能量，且蜕壳期间的动物较为虚弱，为虎视眈眈的捕食者提供了可乘之机。显然，这身"盔甲"带来的"收益"超过了蜕壳产生的"成本"，为寒武纪及之后的许多动物所拥有。

有些动物并没有"征战四方"的雄心壮志。相反，它们渴望安稳，不在意外骨骼是否轻便，而是用外骨骼建造了颇具特色的"房子"。寒武纪海洋中随处可见的软舌螺所建造的"房子"是钙质的锥形管壳，管壳口有一个圆形的口盖，口盖可开启、关闭。软舌螺分为直管螺类和有唇软舌螺类，后者能从锥形管壳口伸出一对可弯曲的细长附肢。

存活至今的腕足动物舌形贝因与豆芽十分相像，被冠以"海豆芽"之称。它们长期埋栖于海底泥沙中，用背、腹两片大小不一的壳将自己保护起来。腕足动物营滤食生活。

"活化石"翁戎螺是一类在寒武纪出现且存续演化至今的、形态颇有特点的腹足类动物。它们的壳呈低圆锥形。现生种类壳表花纹艳丽，像海底的一团火焰。

在生命的竞技场上，事实并不如文字描绘的那般美妙。动物长出奇形怪状的外骨骼时当然不会带有比美的意图，这场"军备竞赛"也不可能像时装秀那样赏心悦目。动物在演化出坚硬外骨骼的同时，或许也封堵上了采取其他生活方式的门路。外骨骼是盔甲，也是弱点。于是寒武纪之后的生命开始进一步向内发展，演化出比外骨骼更具生存优势的内骨骼。当然，这些都是后来的故事了。

生命大爆发因何而起？

大约 4.85 亿年前，地球生命即将告别寒武纪，进入一个新的纪元。

寒武纪生命大爆发展现了生命演化的速度与多样性，几乎所有现生生物门类都能在这个时代找到自己的祖先。生物门类的爆发式增长让静谧的蓝色星球热闹起来。动物的"第一双眼睛"如同倒下的第一张多米诺骨牌，引发了器官发展的链式反应。视觉器官、神经系统、运动器官、呼吸器官、分节的身体、外骨骼等等，像互相啮合的齿轮，推动着彼此的演化。寒武纪生物的器官大创造为此后生命的演化积累了"原始素材"，奠定了更复杂结构和更强竞争能力的基础，使后来的动物行为更加高效，能够适应更加多样的环境。不少在寒武纪舞台上崭露头角的物种，凭借这些生存利器，静待属于自己的时代到来。

人们看到的那个遥远时代的面貌仍只是冰山一角，关于寒武纪生命大爆发的原因吸引着科学家和古生物爱好者上下求索。

地球氧气的变化或许是寒武纪生命大爆发的导火索，也很可能扑灭了这场大爆发的最后一个火花。大气和海洋中的氧气含量大幅增加与寒武纪早期生命勃发出人意料地同步。巧合的是，在距今 5.14 亿年之后的 200 多万年间，海水中氧气含量的陡降伴随着寒武纪动物群的大灭绝。

小链接

雪球假说

雪球假说认为，距今 8 亿～6 亿年期间，地球曾经经历数次极端寒冷的冰期事件。冰期时，整个海洋都覆盖着 2～3 千米厚的冰层，地球就像一个"大雪球"。

前寒武纪晚期，全球冰冻现象——"雪球事件"结束。气温的上升导致冰川的融化，引发全球洋流重新组合。世界各地的上升流为浅海带来了丰富的磷等元素。同时，冰川消融，流水冲刷着陆地上的岩石，将陆地上丰富的钙、铁、钾等金属离子带入海中，使海水中的矿物质增加，极大地推动了海洋生物的演化。到了寒武纪，海洋中的生物正在进行一场残酷的"搭积木游戏"，它们从自然界获得可能有用的"建材"，"组装"在自己身上。有一些生物偶然"发现"几丁质和海水中增多的钙不失为铸造"盔甲"的"好材料"。早期节肢动物的盛世就此开启。这也是解开寒武纪生命大爆发之谜的一个很好的切入点。

寒武纪生命大爆发涌现出几乎所有动物门类的祖先，可能与 Hox 基因的调控有直接关系。Hox 基因是一种"同源异形"基因，是动物形态蓝图的设计师，在发育过程中控制身体各部分形成的位置。Hox 基因是一种古老的基因，存在于所有脊椎动物和绝大多数无脊椎动物中，具有相似的调控机理。Hox 基因的突变，在胚胎早期引起的变化并不显眼，但随着组织、器官的分化定型，突变的影响逐步被放大，导致身体结构发生重大的改变。Hox 基因的突变，使得生物身体结构多样化。这可以解释寒武纪物种大爆发。

寒武纪生物的奇妙之处不一而足，仍有诸多待解的谜团。随着寒武纪的落幕，活跃于这个时代的生物很多被掩埋在古老的地层之中。生命的渺小，在于会轻而易举地被自然界的一次变脸摧残得面目全非；生命的伟大，在于演化策略的巧妙和生命力的顽强。哪怕物种经历大灭绝，生命的种子仍在，生命演化的剧目会继续上演。

奥陶纪：史上最大生物大辐射

沉寂 40 多亿年的蓝色星球在寒武纪充满生命的喧闹和欢愉，一度生机盎然。寒武纪生命尽管几经波折，有些类群甚至遭遇灭绝厄运，但播撒下的种子正待发芽。时间如车轮滚滚向前。不少生物躲过飞来横祸，坚持以本来的面貌迎接新的纪元；也有不少生物在巨变洪流中悄然蜕变。它们来到 4.85 亿 ~ 4.44 亿年前的奥陶纪，迎接它们的将是又一个生命的春天。

生物的演化从来都不是一蹴而就的，也并非生物的一厢情愿。天时、地利与生物的适应性演化，缺一不可。奥陶纪生物大辐射的出现也是如此。从寒武纪至奥陶纪，潘诺西亚超级大陆分崩离析，形成劳伦西亚大陆、波罗的大陆、西伯利亚大陆和冈瓦纳大陆，同时在这 4 块大陆之间的海洋开始扩张。变化的陆地使得生物所处的环境相对分散。为了适应不同的环境，生物朝着不同的方向演化。与此同时，温度的变化也促使奥陶纪焕发生机。奥陶纪早期气温较高，全球海平面升高，海侵广泛。海洋面积的扩大为不同习性的生物提供了多种可供选择的栖息环境。有了适宜生存的环境，且生物经历寒武纪的发展已打下一定的演化基础，于是史上最大的生物大辐射顺势出现。

奥陶纪生物大辐射持续数千万年，期间有多次辐射高潮，开启了海洋无脊椎动物空前繁盛的时代。钙质壳腕足动物、三叶虫、半索动物、棘皮动物、苔藓动物、刺胞动物等形成了优势类群，增加了大量底栖游移、浮游生物，生态分层现象愈加明显，群落复杂性显著提高。大辐射首先发生在一般的浅海地区，之后才逐渐向更远岸、更深水和更近岸、更浅水的区域拓展。不同生态类型的海洋生物具有迥异的生态演化模式。

近年来在湖南永顺县列夕乡发现的早奥陶世列夕动物群代表了从寒武纪动物群向奥陶纪动物群过渡的类群。列夕动物群处于奥陶纪生物大辐射早期，其中保存的特异埋藏化石，既包括寒武纪的孑遗类群（古蠕虫类、奥托虫、球接子三叶虫等），还有大量奥陶纪的新生类群（苔藓虫、多毛类等）。复杂的化石组合为从寒武纪动物群到古生代动物群的演替提供了新的证据，揭示了奥陶纪生物大辐射的早期面貌。因此，列夕动物群对于研究古生代动物群起源和奥陶纪生物大辐射早期机制意义重大。

2023 年，距今 4.62 亿年的中奥陶世动物群在英国威尔士城堡滩被发现。城堡滩动物群同样具有较高的生物多样性，已发现 170 多种生物，尤以海绵动物种类丰富。其中大多数生物体长不超过 1 厘米。城堡滩动物群既包括了寒武纪生物群的典型类群，如猎食生物——似欧巴宾海蝎节肢动物，也含有丰富的古生代滤食性的新生类型，如腕足动物、笔石以及苔藓虫。因此，城堡滩动物群不仅提供了海洋动物群由寒武纪生物群向古生代生物群演变的新视角，也揭示了海洋生态系统从寒武纪捕食型动物主导向

列夕动物群群落重建图（孙捷　绘）

古生代滤食性动物主导类型转变的新阶段。

寒武纪生命大爆发使生物分类阶元门和纲的数量猛增，搭建了生命演化的大框架。与之相比，奥陶纪生物大辐射则在目、科、属等分类阶元的数量上实现了突破。整个奥陶纪，生物在目阶元上的丰富度提高了 3 倍之多。而且它们也不再满足于在海底生活，开始开拓更广阔的生境。奥陶纪生物栖息空间的拓展，提高了地球上的生物多样性。奥陶纪海洋，从底层到表层，都洋溢着生命的活力。

奥陶纪大辐射时期，无论是在近岸浅水区域，还是在远海深水区域，抑或是在海洋软底质表面和内部，都能发现海洋生物的身影；从海底向上到海洋表层水，从滨岸到深水斜坡地带，生态位均被门类丰富的生物有效占领。

在奥陶纪的海洋中还形成了较为稳定而复杂的食物网。以三叶虫、奇虾为代表的寒武纪海洋动物群逐渐退出历史舞台，取而代之的是以滤食的腕足动物和积极捕食的牙形动物等为主的动物群。以角石为代表的头足动物，逐渐取代了奇虾，成为海洋中的新一代霸主。

奥陶纪的生物让生命之树更加枝繁叶茂。让我们将地球的历史时钟拨回奥陶纪，看众多生物如何乘着寒武纪大爆发的东风，进一步演变成大辐射的宏大场景。

从余烬走向繁荣——腕足动物

腕足动物自寒武纪开始演化，到了奥陶纪演化加速，大部分的类群均已出现。华南奥陶纪腕足动物辐射的主要贡献者是区域性的、极度繁盛的中华正形贝动物群。在奥陶纪，腕足动物体积变得更大，壳更加坚固，内部结构也日趋复杂。自寒武纪大爆发以来，动物"军备竞赛"日趋激烈，底栖生活的腕足动物只有不断地改变壳的形态和结构，调整壳与海底的接

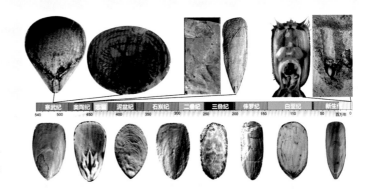

"活化石"舌形贝的壳形态及演变

触关系才能保持种群的繁盛。在长期自然选择的压力下，其壳或长或宽，或圆或方，不断演化，以适应海洋底栖生活。

壳形态统计与空间分析表明，在奥陶纪，腕足动物舌形贝的形态已经与现代类群极为相似，表现为一种两侧平直的近长方形。这一形态有利于在泥沙中营穴居生活。

腕足动物具有背、腹两枚壳，与双壳贝类有些相像，但它们两壳大小不一，较小的为背壳，较大的为腹壳。从腹壳的孔洞中伸出一条肉茎，用来固着和掘穴。也有人将腕足动物与帚形动物（帚虫）比较，认为帚形动物是两壳退化了的腕足动物。腕足动物与帚形动物同属于触手冠动物，二者的身体前端都是负责呼吸和滤食的触手冠，后端则都有一条肉茎。然而，二者的明显差异在于，腕足动物为了更好地行使壳的保护功能，将触手冠的大部分盘卷在壳内，由腕骨支撑形成腕螺、腕棒或腕环等结构。

在演化的过程中，腕足动物的壳越来越坚固，形态也日趋多样。在泥盆纪繁盛的石燕壳坚厚，主要成分为碳酸钙；又因壳造型独特，似展翼飞翔的燕子，具有观赏性。我国古人颇具想象力地称"石燕群飞，颉颃如真燕矣""遇风雨即飞，止还为石"。

奥陶纪海洋生物最大的特点是涌现出了大量的、多样化的滤食性动物。腕足类是滤食性动物的主要代表之一。它们固着生活在海底，以悬浮

黄海毯形帚虫

切开的腕足动物拟石燕化
石，可见其中的腕骨

石燕化石

物或小型浮游生物为食。

　　此外，奥陶纪的腕足动物还是探索海洋多样生态位的先
行者，让海洋生物群落延伸到了更深的海底。在我国新疆塔
克拉玛干沙漠，科学家拿着放大镜仔细搜寻，终于发现了体
长仅几毫米的叶月贝化石。化石发掘地寸草不生，却密密麻
麻地分布着叶月贝化石，向世人展现着数亿年前百米以深海
底腕足动物群落的欣欣向荣。

微小的牙形石——牙形动物

牙形动物出现在寒武纪。奥陶纪海洋便成为牙形动物的乐园，生活着极其丰富的牙形动物。

牙形动物的发现是古生物学研究领域的一项突破，它们的化石——牙形石（又称牙形刺）仅几毫米大小，是微体化石研究的主要对象之一。牙形石曾给科学家带来了诸多困惑。最开始，人们并没有发现牙形动物的软组织化石，仅凭或牙形或刺状的形态各异的化石，很难判断它们的归属：它们是鱼类的牙齿还是昆虫的颚？它们是否属于头足动物甚至植物？……种种猜测，一直持续到牙形动物软组织化石首次被发现。

1983 年，科学家在苏格兰早石炭世地层中第一次发现了牙形动物——克利德赫刺属某种的软体化石。牙形动物的全貌终于揭晓。

牙形石

牙形动物一般体长 5 厘米左右，似蠕虫，也有长约 40 厘米大型种类。它们生存于 5.42 亿年前至 2 亿年前，跨过寒武纪至三叠纪的漫漫岁月，这与它们在演化上的优势是密不可分的。牙形动物属于脊索动物，背部有一条棒状脊索，身体末端具有尾鳍状的结构，体侧排列着 V 形肌节（与文昌鱼相似）。它们还拥有一对像蛙眼般突出头部的大眼睛。这些特征意味着它们与同时代滤食动物相比具有较强的运动能力，可以在海中较灵活地游动，追逐猎物。然而，它们捕食猎物关键还要依赖其全身唯一的坚硬部分——牙齿。从已发现化石上的磨损痕迹来看，牙形动物没有上、下颌，很可能利用自己锋利的牙齿咬住、啃噬、粉碎猎物，甚至像现存的盲鳗那样钻进大型动物的身体，咬食其内脏和肌肉。综合这些特点，牙形动物称得上凶猛的肉食动物。

凭借着自身优势，牙形动物在从浅海到深海的多种栖息环境中广泛分布，成为演化上的成功者，在古生代海洋中恣意驰骋 3 亿年。据估计，其间诞生的牙形动物有 1 500 多种，而人们尚未见到它们的全貌。牙形石的

牙形动物复原图

零散、破碎及其组合方式的复杂性，更是加大了牙形动物研究的难度。然而，这并没有阻挡科学家的研究热情。牙形石研究有着重要意义。牙形石不仅可以作为标准化石用于地层断代，而且对这类古老脊索动物的研究可以为地球生物演化历史填充更多的细节。人们还发现，牙形石具有随环境温度变色的特点，据此总结出"牙形石色变指数"，用来判断牙形石所在地层曾经达到多高的温度。相信人们还会从这些微小的化石中发现更多奥秘。

称霸一时——头足类

奥陶纪生物将演化的舞台延展到了更广阔的海洋中。一些生物在沉积物和沉积物–水界面中找到了新的生活方式，但浩瀚的蓝色空间属于那些能恣意畅游的演化强者。在寒武纪，奇虾稳居"海洋霸主"之位，但它们终究敌不过时间的力量。进入奥陶纪，伴随着奇虾王朝的衰落，一个新的海洋霸主——角石正在崛起。其实，寒武纪晚期，短棒角石就已经崭露头角。彼时，角石势力尚单薄，还未形成庞大的族群。奥陶纪早期浅海面积扩大，喜好浅水的角石快速占领了新的海洋空间，成为在奥陶纪分布

小链接

标准化石

标准化石也称标志化石，是能用来确定所产出地层时代或阐明其生活环境的化石。如果两地的标准化石一致，而且同位素年龄测定数据相近，那么基本上可以认为两地所处的地质年代相同或相近。标准化石往往数量较多、分布广泛、发展演变快、阶段性明显。每个地质年代都有其代表性的标准化石，如寒武纪的三叶虫化石、奥陶纪的角石化石、志留纪的笔石化石、侏罗纪的恐龙化石。再细分的话也可以，如在三叠纪，米塞克刺属牙形石的出现是瑞替期到来的标志，一种后多颚牙形石的消失伴随着卡尼期的结束。

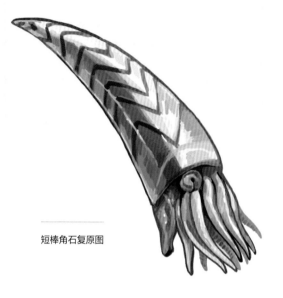

短棒角石复原图

最广的头足类。这类动物的头和足都长在身体的同一端，如我们所熟知的章鱼、鱿鱼。

角石，见其名就能想象出其形状——厚重的外壳如石头般坚硬，且常带有尖端，形似动物的角。奥陶纪太过久远，在巨厚地层的掩埋之下，角石的软体部早已消失，只留下硬壳。人们也只能在奥陶纪这场生命演化剧目的背景下，凭想象在角石化石的外壳中添上现代头足类的细节特征。

但是剖开角石，可以看到其内部被分隔成一间间小室，这些小室通过体管连接。角石在生长发育的过程中，壳的直径是不断变大的，软体始终保持在靠近壳口的位置。小室里可充水填气。角石想躺在海底时，就通过体管向小室内充填海水；想沐浴阳光时，就将小室里的水排空。现存的鹦鹉螺也具有这样的结构。人们从这类生物身上获得了灵感，发明出能够实现自由浮潜的潜水艇。实际上，角石与鹦鹉螺同属一个类群。如果把角石的外壳卷曲，它们看上去便与鹦鹉螺形状无异。

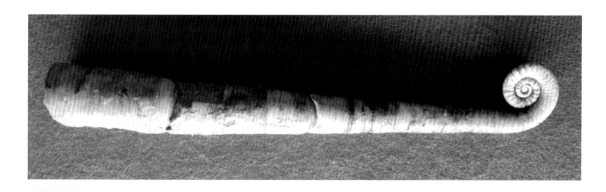

喇叭角石化石

房角石置换化石（直径 8 厘米）

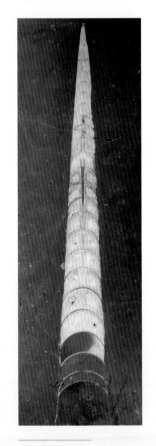

不同种类的角石体形差异很大。房角石是它们之中以体形庞大著称的，其体长可达 9 米。坚硬的壳用来御敌避难，柔软的肉体藏在其中，只露出灵敏的触手。它们不仅硕大，而且凶猛。触手环布在口外，触手腹面布满吸盘。猎物一旦被吸盘吸住便成为房角石的盘中餐，无法逃脱。猎物的甲壳都会被房角石的喙磨碎。房角石头部的漏斗能够喷射出水流，助推其快速游泳，遇到危险时迅速逃跑。奥陶纪的海洋中也不乏体形娇小的角石，如最小的圆盘角石，直径仅有 2.5 厘米。

角石外壳花纹美观，形状像牛羊的角，颇具观赏价值。沧海桑田，人们仍能通过这些残存的角石外壳想象奥陶纪"海洋霸主"的身姿。中华震旦角石化石最早发现于中国，且在很长一段时间内仅在中国被发现，被认为是中国特有的。但是随着古生物研究的深入，中华震旦角石化石在泰国也有发现。中华震旦角石化石也是典型的标准化石。例如，只要找到中华震旦角石化石，就可确定该化石所处地层形成于 4.6 亿年前的中奥陶世。

头足类角石突破了寒武纪的束缚，在奥陶纪舞台上大展拳脚。它们依赖坚硬的外壳、灵活的游动技能、柔软却有力的触手和坚硬的喙成为奥陶纪海洋中的霸主。虽然最终难逃环境剧变导致的族群覆灭的命运，但是它们留存在奥陶系地层中的化石，向人类讲述那个头足类繁盛的时代。

中华震旦角石化石

披甲戴胄——甲胄鱼

坚硬的铠甲每每让生物在残酷的生存竞争中胜出。久而久之，"披甲戴胄"似乎成为一种风尚，在奥陶纪海洋里处处可见。与角石等头足类一样热衷用硬壳保护自己的还有甲胄鱼。这些同样具有脊索的昆明鱼的后裔，到了奥陶纪便套上了厚重的护甲，几乎全副武装——头的背部包着一块完整的盾甲，身上布满含钙的骨质甲片，十分坚硬。甲胄鱼的身体可达半米长，背部隆起，腹部则因长期适应底栖生活而较为平整。体内的脊索起着支撑身体的作用，外部的甲片则起保护防御作用。在这样的内外双重保护之下，甲胄鱼的行动力和防御力有了显著提升，成为奥陶纪海洋中一颗冉冉升起的新星。

甲胄鱼骨质甲片的碎片最早在寒武系海相沉积中被发现，但海洋或许不是甲胄鱼的"主战场"，它们的化石更多出现在淡水湖泊或者河流的沉积相中。从化石分布推测，水深较浅的河口是它们最喜爱的生活环境。它们虽然形似鱼类，却不像典型鱼类那样具有灵活的鳍，因而无法长距离、快速游动。它们常聚集在水底，匍匐前行。

甲胄鱼并没有上、下颌，这意味着它们无法实现嘴的开合，只能全凭"小巧"的口被动吸入水，再用鳃腔过滤水中的有机碎屑为食。有的种类生活在底泥中，口位于头腹面，在泥中寻找微小的食物颗粒。

甲胄鱼复原图

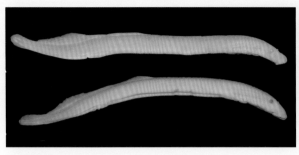

北极七鳃鳗

六鳃黏盲鳗

甲胄鱼不具备颌和偶鳍等，但它们无疑是现代鱼类的祖先之一。现生的无颌类，如圆口纲中的七鳃鳗、盲鳗，同样没有上、下颌。此外，它们还与甲胄鱼一样，两眼间可见明显的松果体孔，具有鳃与单鼻孔等形态特征。然而，七鳃鳗、盲鳗这些营寄生生活且运动灵活的圆口纲动物是如何从甲胄鱼演化而来的，仍是个未解之谜。

铠甲无疑为甲胄鱼提供了有力的支持与保护，就连角石的利喙都无法重创它们。在奥陶纪末期的冰川事件中，甲胄鱼更是凭此逃过一劫，开始了它们漫长而又独特的演化之路。然而此后，这身厚重的铠甲却又成为甲胄鱼的桎梏，缺少上、下颌而只能低效摄食的弊端也慢慢显现出来。

群体生活的苔藓虫

正如前面所说，寒武纪生命大爆发，产生了几乎所有的现生动物门类，其中就包括苔藓动物门。苔藓动物在奥陶纪广泛存在。

在奥陶纪的生命演化舞台上，苔藓虫是颇喜欢"抱团"亮相的一类群体生活型动物，栖息在海底。动辄就是百万只苔藓虫一同固着在硬质基底上。苔藓虫幼年时喜好"流浪"，在水中营浮游生活，身随水流而动；成

苔藓虫化石

苔藓虫化石

星苔藓虫化石

年后便附着在先辈的躯体上，集群而居。它们还擅长"摆造型"，有的群体摆出枝干的形状，有的结成一张网笼罩在石头上，有的则像一根随波摇摆的羽毛……苔藓虫群体的造型与陆地上的植物十分相像，以至于人们曾误以为它们是海中的植物。它们确确实实属于动物类群，而此时的奥陶纪还未孕育出真正的陆地维管植物呢！

　　苔藓虫个体很小，直径不足 1 毫米，却"五脏俱全"。它们同其他动物一样，会摄食、会呼吸、会生长。大多数苔藓虫能够分泌钙质的骨骼，形成一座座礁石，因此它们是一类造礁生物。苔藓虫体表像盒子一样的硬质壳称为"虫室"。如需摄食，苔藓虫便将虫室的门打开，伸出触手。苔藓虫的触手在水中舒展着，挥舞着，招摇着，过滤水流带来的食物颗粒。食物经触手入口，再经咽、食道入胃。在奥陶纪地层中，星苔藓虫、多孔苔藓虫、变隐苔藓虫是比较典型的几类苔藓虫。星苔藓虫群体呈枝状，因其枝端有星状突起而得名。多孔苔藓虫的群体常呈密集交结的树枝状，在不同个体的口

现生苔藓虫

之间有波浪状纹路。变隐苔藓虫的群体则呈薄层状。苔藓虫的群体形状和个体特征是分类的主要依据。

　　苔藓虫无疑是奥陶纪生物中出色的代表之一。独特的群居生活方式让它们面对环境变化而不改风采，始终在海底摇曳着，展示生命的勃发。时至今日，我们仍能在海洋中看到苔藓虫。然而，关于苔藓虫起源于什么地质年代，仍争议不断。2021 年，我国科研团队在陕西的寒武纪地层中发现了已知最早的苔藓虫化石，将这类生物的演化历史提早了 5 000 万年。未来，随着更多化石的发掘，以及更先进分析手段的诞生，苔藓虫的前世今生和生存智慧终将为人类所知。

凛冬将至——奥陶纪生物大灭绝

　　地球生命经历了寒武纪末期的短暂沉寂，又悄然发芽，在奥陶纪枝繁叶茂，开启了一段生物大辐射的盛世。或许细心的读者已经发现这样的规律，在人们划分的每一个地质时期中，生命的兴衰总是不变的旋律。在

4.43 亿年前，奥陶纪生命在繁盛了 4 000 多万年之后走向萧瑟。

大陆的分裂带来了生态位的分化，孕育了奥陶纪多样的生命。有人认为，奥陶纪末期，进入南极地区的冈瓦纳大陆阻碍了大洋环流，水汽、热量的输送循环被大陆阻挡，整个地球进入冰河时期。陡降的气温使得海面结冰，海平面下降。许多生活在浅海的生物无处可逃，如体形庞大的房角石；一些生物只能遁入深水区，如圆盘角石。即使进入深水区，它们还要面对重重困境——或无法承受高静水压，或无法承受低温，或难以正常摄食，迎接它们的只有无路可走的绝望。

关于奥陶纪末期气温降低的原因众说纷纭。还有人认为，来自宇宙的具有巨大能量的伽马射线击穿了为地球生命阻挡大部分紫外线的臭氧层，强烈的紫外辐射使大部分浮游植物灭绝，破坏了海洋中的食物网，海洋生物陷入"饥荒"。同时，空气中不断生成阻挡太阳辐射的氮氧化合物，使地球温度骤降。而后地球回温，冰川快速消融，海平面上升。变深的海洋下层一度缺氧，让本就在海底苟延残喘的生物陷入绝境。贫瘠的表层海水也让这里的"居民"束手无策。可以说，此时的海洋生物四面楚歌。总之，奥陶纪末大灭绝是显生宙 5 次生物大灭绝中唯一由冰川事件导致的灭绝事件。

奥陶纪生物大灭绝让海洋重新归于平静，但生命的暗流还在涌动着。短暂的凛冬之后，蛰伏的生命将以全新的面貌重返舞台。

志留纪：生命大变革

奥陶纪生物大灭绝并未覆灭所有的希望。即使生命的枝叶在凛冬凋零，春天到来的脚步也不会受阻。

4.4 亿年前，地球岁月进入志留纪。志留纪是早古生代的最后一个纪元。或许在今天看来，这个纪元的生命演化历史不及寒武纪的绚烂，也不及奥陶纪的辉煌，但其看似波澜不惊的表象之下隐藏着一场地球生命的重大变革。志留纪告别了奥陶纪末期的气候动荡，转入环境温暖而稳定的阶段。生命紧锣密鼓地在奥陶纪的废墟上开始了重建，地球重焕生机。

笔石时代

志留纪时期有许多"昵称"，如"笔石时代"。在目前所发现的志留纪时期的化石中，笔石化石的数量位居前列。

笔石本身长得并不像笔。它们的化石通常呈压扁的炭质薄膜样，很像铅笔在岩石层面上书写的痕迹。许多化石的形状也类似羽毛笔。因此，这类生物被称为笔石。笔石个体并不大，目前发现的笔石化石一般为几厘米长，但也有巨大者，已有报道的最大的笔石体长达 1.45 米。在笔石的胎管内生长出一些分叉或不分叉的枝，每一个枝上通常含有一系列排列整齐、形态相近的管状体，即胞管，笔石的虫体就住在胞管中。胞管一个挨着一个整齐地排列成笔石枝，精巧的笔石枝进一步排列成树枝状、网格状或羽毛状的笔石体。

笔石动物营底栖或浮游生活。浅水区的笔石像树一样扎根于海底，向上生长。随波逐流的笔石则更加自由，它们依靠触手摆动，滤食海水中悬浮的有机物，无论海水深浅都可以自在生活。寒武纪末期的笔石仅限于在海底固着这种生活方式。到了奥陶纪，笔石将生存空间扩展至海水表层。

直枝刺笔石化石

莫奇逊对笔石化石

在志留纪，笔石的演化达到了顶峰，它们甚至能在极度缺氧的深水区域存活。根据笔石的这一演化规律，人们可以通过笔石化石的类型来判断其所在地层的年代及当时的环境特点。

笔石的繁殖速度很快，这在一定程度上也加快了它们的演化速度。笔石可通过无性方式繁殖，因此能在较短的时间内形成庞大的种群。从地质时间的尺度上来看，每隔几十万年就会产生一大批新的笔石种属。在我国陕西省岚皋县民主镇一带的志留系五峡河组，约50米长的地层中就有20多种笔石化石。其演化速度之快也是笔石可以作为判断地层年代的"黄金卡尺"的原因之一。

适应了在平静水域中生活的笔石，遭遇环境的剧变时大量死亡，并被掩埋在黑色页岩之中。沧海桑田，保存在页岩中的笔石化石成为人们圈定页岩气分布范围的重要参考，因此，笔石也是页岩气勘探的"黄金卡尺"，为我国西南地区页岩气勘探做出了独特贡献。

页岩中的笔石化石

后来居上

在寒武纪繁盛一时的三叶虫到了志留纪已是"王小二过年一年不如一年"，昔日奥陶纪霸主角石也呈式微之势。海洋世界空出的王者宝座从不缺竞争者，众多生物在志留纪的舞台上大秀"肌肉"与"盔甲"。其中，最早出场于奥陶纪的板足鲎凭借着独特的外形和坚韧的盔甲，成为志留纪海洋中的新一代霸主，建立了节肢动物统治下的又一个王朝。

板足鲎是志留纪海洋中体形较大的节肢动物类群之一，也是现生蜘蛛、龙虾等节肢动物的祖先。它们披着半圆形的头胸甲，身体分节，尾有锥形长刺或尾扇，身体前部有几对分节的附肢。板足鲎体长可达到 2.5 米，是地球有史以来已知最大的节肢动物。莱茵翼肢鲎又是其中体形最为庞大的一类。板足鲎具有 6 对附肢：第 1 对附肢是螯肢；后面 4 对附肢是步行足；第 6 对附肢宽扁，司游泳、平衡，还可以翻起水底的底质以掩埋自己。尽管板足鲎拥有分化程度较高的附肢，但是笨重的盔甲显然限制了它们做长距离的快速运动。它们或在海底爬行，或潜入泥沙之中，仅在需要

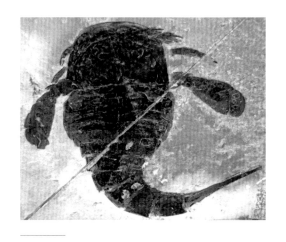

板足鲎化石

莱茵翼肢鲎化石

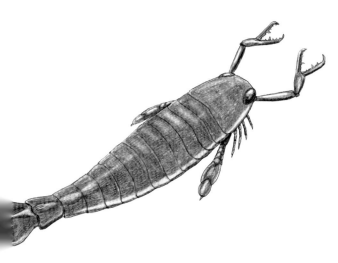

莱茵翼肢鲎复原图

之时才会借桨状附肢的摆动进行短距离的游泳。它们的头前部演化出了两只带刺的螯肢。有的板足鲎长着一条长而锋利的刺状尾，因而也被称为"海蝎子"。

翼肢鲎不仅体形大，而且具有独特的生活习性，是志留纪的"明星动物"。它们常潜伏在浅水区的泥沙中，用巨大的复眼搜寻猎物。一旦发现猎物，它们便迅速甩动尾部冲上前去，用钳子一般的螯肢将猎物拖入口中。对于这些凶猛的捕食者而言，同类也可能成为猎物。鲎的复眼有一种神奇的功能——侧抑制，即提高物像边缘的对比度，从而使物体的轮廓更加清晰，这有利于鲎更好地寻找交配对象。

翼肢鲎的口器较为特别，在其他板足鲎的化石上曾发现与其口器形状相吻合的咬痕，可见翼肢鲎的凶狠。鲎食性广，以动物为主，经常以底栖的小型甲壳动物、小型软体动物、环节动物、腕足动物、海藻等为食，有时也吃一些有机碎屑。这样有利于鲎适应变化的环境。翼肢鲎称得上当时"装备"最为精良的一类生物。它们气势汹汹地挥舞着利器，在志留纪海洋中所向披靡。

志留纪是板足鲎的"黄金时代"，这一点从化石中就可找到证据。1818年，板足鲎化石首次在美国纽约州的志留纪岩层中被发现，此后不断从此岩层中挖掘出多种板足鲎化石。可以说，这类岩层中遍布板足鲎化石，因而这里也被称为"板足鲎的墓地"。近几年来，鲎化石在加拿大被发现，在我国浙江安吉也发现了古老的鲎化石，将鲎的演化历史进一步提早到4.5亿年前的奥陶纪时代。鲎奇特的形态以及在演化史上历经亿万年而不倒的形象也吸引了科学界的关注和公众的好奇。

板足鲎繁盛的同时存在四伏的危机。在志留纪，无颌鱼类尚且是板足鲎的手下败将、盘中之餐，但是板足鲎的竞争对手——盾皮鱼正一步步地演化，板足鲎的命运面临重大转折。

鱼类的黎明

鱼类的早期形态——昆明鱼，曾在寒武纪出来露了个面。在此后漫长的时间里，鱼类的演化一直不温不火，无太大的突破。变化不断累积，鱼类终于看到了演化的黎明。

就"颌"而言，鱼类向着两个分支演化：一个是以现生圆口纲为代表的无颌鱼类，另一个则是我们所熟知的金鱼等有颌鱼类。科学家曾认为，最早出现于奥陶纪的甲胄鱼在志留纪繁盛，是这一时期鱼类的主角，而有颌鱼类曾长期被以为在志留纪难寻踪迹。然而，2007年中国科学家在云南曲靖麒麟区潇湘水库附近的志留纪晚期地层中，发现了许多完整的有颌鱼类化石，这就是当时在学界轰动一时的"潇湘动物群"。这是志留纪有颌类脊椎动物研究取得的第一个重大突破。在《自然》杂志报道的潇湘动物群中的硬骨鱼"梦幻鬼鱼"，是当时世界上已知的最古老、保存最完整的有颌类化石。

2022年，中国科学家在重庆秀山又发现了"重庆特异埋藏化石库"，在贵州发现了石阡化石库，这两个化石库保存着志留纪早期有颌鱼类的大量化石，反映出生命演化史上"有颌鱼类的黎明"。这是继澄江生物群、热河生物群之后，在我国发现的、为探索生命之树演化重要节点提供大量关键证据的特异埋藏化石库，将完整有颌类的化石记录大大提早了1 100万年，将若干人类身体结构的起源追溯到4.36亿年前的化石鱼类中。

地球上现存99.8%的脊椎动物具有颌骨，它们统称为有颌脊椎动物或有颌类。颌的出现是演化史上的革命性事件，一直是人类探索自身起源的线索，是"从鱼到人"的脊椎动物演化史上的关键的跃升之一。

软骨鱼类常被认为是有颌类的原始形态和演化原型。重庆特异埋藏化石库中的蠕纹沈氏棘鱼化石是目前发现的最早且保存完好的软骨鱼类化石。蠕纹沈氏棘鱼的大致形态、关键特征均与早期软骨鱼类——棘鱼相似。但与棘鱼相比，它更接近鲨鱼。它的棘刺数量很少，只在背鳍前端有。令人惊讶的是，类似软骨鱼的沈氏棘鱼拥有包裹着整个肩带和背部的大块骨板，在此之前，从未在任何软骨鱼类或硬骨鱼类中发现这一独属于后来才兴起的盾皮鱼类的特征。这个

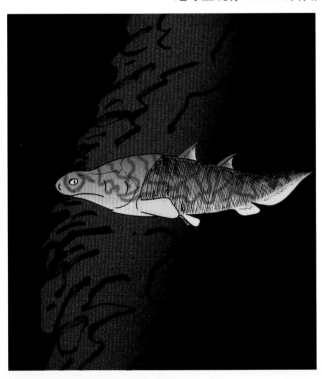

蠕纹沈氏棘鱼复原图

发现一下子引发了人们的遐想：软骨鱼的代表——鲨鱼，在演化的一开始阶段可能就"披甲戴盔"，遨游海底。

虽然志留纪有颌鱼类的出现只是鱼类早期演化中的"惊鸿一瞥"，但有颌鱼类的"黄金时代"就此开启。颌的出现带来了鱼类演化的黎明。从这以后，鱼类摄食能力大大提高，它们的吻和齿等器官也不断演化，以适应不同的食性。这样的演变为鱼类带来了机遇，它们等待着族群在泥盆纪的崛起。

向陆地进军

在志留纪之前的环境动荡和生命交替中，处于海洋最表层的浮游藻类总是首当其冲。一些苔藓植物尽管在寒武纪就尝试着向陆地进军，但由于缺少内部的支撑结构，始终无法向远离水源的陆地内部前进。也正因如此，人们只能利用它们的繁殖体——孢子来判断它们的踪迹。

小链接

苔藓植物的孢子

苔藓植物的生活史具有世代交替现象，孢子体世代和配子体世代交替出现。苔藓植物的孢子在干燥的环境下可以长期休眠，遇到适宜的环境再萌发。在奥陶纪中期的地层中，发现了与苔藓植物关系密切的隐孢子微化石和千姿百态的孢子形态，意味着植物开始从海洋向陆地扩展，为其他生命涉足陆地提供了栖息之地和食物来源，从而推动了陆地生态系统的形成和发展。

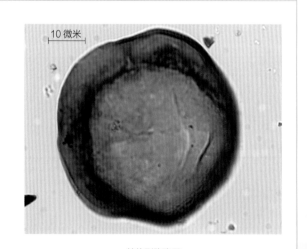

10 微米

单体型隐孢子

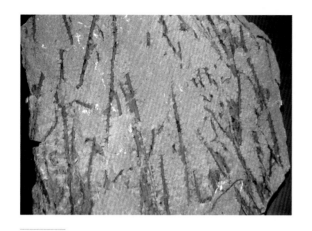

沙顿蕨化石

库克逊蕨复原图

到了志留纪，频繁的地壳运动推动板块交界处发生碰撞，造山运动频繁，地层褶皱隆起。海洋面积缩小，而陆地面积明显地扩大。在海陆变迁过程中，一类绿藻出现在陆地，面临着潮起潮落的干湿交替的考验。终于，这类绿藻演化出适应陆地生活的结构——拥有厚壁细胞的维管组织。这些陆地植物的开拓者便是裸蕨类植物。它们开创性的成果——维管组织能从根到枝梢贯穿植物体，维管束交织成维管网络。维管结构不仅能够高效地在植物体内输送水分，而且让陆地植物不必像苔藓一般匍匐于地上，相反，它们能直立着向阳而生。它们的枝轴表面往往长有致密的气孔，可用来呼吸和调节水分的蒸发。枝轴的顶端长有孢子囊。植物的繁殖体——孢子便在孢子囊内被制造并储存。借助风力，孢子向四方传播，使植物可在陆地上繁衍扩散。这些原始的植物虽然没有根、茎、叶的分化，结构简单，但具备功能与根、茎、叶相似的器官。正是这些原始的裸蕨植物拉开了陆地植物演化的序幕。

最早发现于英国威尔士志留系地层中的库克逊蕨（或称顶囊蕨）是早期裸蕨类植物的典型代表。库克逊蕨的孢子囊较为光滑，因而又被称为光蕨。库克逊蕨十分矮小、纤细，茎轴高不足 10 厘米，直径不足 2 毫米。它们的维管束为二叉分枝型，下端有用于固着和吸收养分的假根。库克逊蕨是已知较古老的陆生维管植物之一。

从海洋走向陆地是生命演化历程中的大事件，早期陆生植物则是生命向陆地进军过程中的先锋。裸蕨类植物登上陆地，为蛮荒的大地披上绿装，为更高等的植物开辟了演化新路径并奠定了基础，也吸引着大批动物从海洋走向陆地，为后续高等动物的演化带来了契机。

此外值得一提的是，志留纪不仅以有颌鱼类的出现和维管植物登陆为标志，它还是无脊椎动物登陆的时代，而珊瑚进入了大发展时期，出现了以古老的皱纹珊瑚和横板珊瑚为主要造礁生物的珊瑚礁。珊瑚虫集群而居，分泌硬质物质——碳酸钙，新的珊瑚虫群体附在死亡的珊瑚虫群体的骨骼之上，如此经年累月，便形成了珊瑚礁。

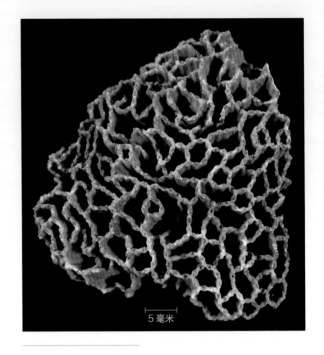

5毫米

链珊瑚（一种横板珊瑚）化石

志留纪生物界面貌一新，生物多样性慢慢恢复到与奥陶纪鼎盛时期接近的水平。然而在志留纪末期，灾难再次降临。地壳的剧烈运动造成了海洋面积的缩小，相当一部分海洋生物难逃一劫。突如其来的灾难是"挑战"，也是"机遇"。以这场灾难为契机，一些生物向陆地进军，陆地生态系统初具雏形。成功登陆的植物和无脊椎动物将整个地球带入了一个新时代，开启了又一场轰轰烈烈的地球生命变革。

泥盆纪：鱼类时代

泥盆纪早期想象图

志留纪倏忽而过。此时，地球上的海洋与陆地悄悄发生着变化。泥盆纪海陆格局主要由冈瓦纳古陆、劳亚古陆及其间的古地中海、古太平洋及大陆板块之间的陆间海组成。冈瓦纳大陆范围大体包括今印度半岛、阿拉伯半岛、澳大利亚、非洲、南美洲和南极洲。

在志留纪登陆的裸蕨植物演化成蕨类植物，在陆地上迅速蔓延。植物通过光合作用吸收大气中的二氧化碳并释放氧气，地球的气候变得更稳定、更适宜生物生存。较为适宜的地球环境为海洋生物提供了温暖的孕育场，生命的演化又呈现出蓬勃之势，由此开启了古生代的第二阶段——以泥盆纪为起点的晚古生代。

在泥盆纪之前，地球上的生命形态以海洋中的无脊椎动物为主。自泥盆纪起，生命演化舞台的聚光灯投向陆地，转向脊椎动物。在泥盆纪，鱼类的演化开启了脊椎动物繁荣的新阶段。寒武纪生命大爆发中出现了无颌类昆明鱼家族。到志留纪突然出现了大量甲胄鱼类，同时也在志留纪早期发现了有颌鱼类。志留纪迅速掀起了无颌类与有颌类同台竞争的演化场景。而在泥盆纪的地层中发现了更为丰富的鱼类化石。古老的鱼类在志留纪见到了演化的曙光，在泥盆纪迎来了喷薄的初阳。

泥盆纪之前的鱼类"热衷"于"披甲戴盔"，如身体前部包着坚硬铠甲的甲胄鱼。泥盆纪早期，甲胄鱼仍延续着以往的荣光，然而颌的缺失让它们在日趋白热化的生存竞争中逐渐失去优势。装备着生存"利器"的有颌鱼类的快速崛起，将以甲胄鱼为代表的无颌鱼类逼入绝境。有颌鱼类日渐繁荣，演化出盾皮鱼类、软骨鱼类、棘鱼类和硬骨鱼类四大分支，它们你争我抢，势力此消彼长。于是，一场充满戏剧性的生存角逐在泥盆纪的生命演化舞台上演。

最古老的盾皮鱼化石发现于志留系地层，而盾皮鱼的兴盛出现在泥盆纪。与甲胄鱼相比，盾皮鱼也具有坚硬的外壳，却比甲胄鱼多了不少生存"利器"，比如灵活的颌、发达的偶鳍、强有力的歪形尾。凭借着这些"利器"，盾皮鱼在泥盆纪海洋中建立起了声势浩大、子民众多的"帝国"。

盾皮鱼最典型的特征便是具有头盾、躯盾和颌。它们的头盾和躯盾像一套盔甲，覆盖在体表，通过颈部的关节连接。盾皮鱼并没有通常意义上的牙齿，而是利用颌骨上长出的齿板碾磨食物。锋利的齿板与上、下颌联用所形成的强大咬合力，令盾皮鱼在海洋中所向披靡，哪怕是具有坚硬外壳的角石、菊石、三叶虫也难逃"盾皮鱼口"。

伊斯特盾皮鱼头骨化石

在盾皮鱼所处的年代，卵胎生的繁殖方式就已出现。科学家在澳大利亚西北部发现了一块距今约 3.8 亿年的化石，其中完好地保存着一种盾皮鱼——艾登堡鱼母。从化石中可以清晰看到母体和胚胎，甚至可以辨认出假胎盘的痕迹。幼鱼出生时，鱼尾先露出母体。艾登堡鱼母是已知最早的卵胎生脊椎动物。它们的分娩方式和现在的鲨鱼等鱼类的极为相似，进一步将盾皮鱼与鲨鱼的演化关系紧密联系起来。

庞大的盾皮鱼族群主要由胴甲鱼和节甲鱼两大类组成。胴甲鱼体形较小，通常仅 20 多厘米长，整体就像被包裹在硬甲之中。胸鳍的内骨骼呈棒状，被带有关节的外骨骼覆盖。躯干护盾由两块骨

艾登堡鱼母分娩示意图

板组成。人们最早在中国云南的志留纪地层中发现胴甲鱼的踪迹。这一族群从泥盆纪早期开始发展壮大，到了泥盆纪中期已随处可见，在泥盆纪晚期更是达到了物种多样性的巅峰。这一族群中的沟鳞鱼无疑是最大的赢家。这类体形不大的胴甲鱼留下的痕迹遍布世界，人们在包括南极大陆在内的每块大陆的泥盆纪中晚期地层中都发现过它们。已知的沟鳞鱼超过100种。然而，这一类群的化石更多地保存在淡水沉积物中，鲜有在海洋中的。这就引起了人们的好奇：这一类群是否在泥盆纪之初就厌烦了喧嚣的大海，上溯到淡水河流之中？

加拿大沟鳞鱼化石

　　节甲鱼的踪迹同样遍及世界各地的泥盆纪地层。它们体形较大，身体呈流线型，在水中游泳时阻力较小。同时，一只背鳍、一对宽厚的胸鳍和腹鳍为其游动提供了强大的动力和较高的稳定性。节甲鱼的尾巴处覆盖着许多由多边形骨小板所组成的不重叠的鳞片，这鳞片起一定的保护作用。

在这一族群中诞生了不少当时的"海中霸王"，其中就有大名鼎鼎的邓氏鱼。邓氏鱼繁盛于3.82亿年前的泥盆纪晚期。最大的邓氏鱼体长可达11米，体重约6吨。现有化石大多仅保留下来邓氏鱼的头部和颈部。根据残存的化石，人们推测邓氏鱼整体呈梭形，尾巴强壮有力。它们的血盆大口令不少生物胆寒，宽大而强壮的上、下颌赋予了邓氏鱼强大咬合力。据估计，邓氏鱼的下颌后部可以提供高达5 300牛顿的咬合力。可以说当时海洋里的任何生物都能成为邓氏鱼的"盘中餐"——它们连同类都不放过，人们曾在邓氏鱼的头骨化石上发现同类啃咬的痕迹，更有甚者，骨头都被咬碎了。因为缺少咀嚼器，邓氏鱼的摄食过程只能算"囫囵吞枣"。它们更喜爱软骨鱼之类，因为那些具有硬刺的硬骨鱼很可能会堵塞消化道，因而邓氏鱼也被称为"鲨鱼克星"。

盾皮鱼在泥盆纪晚期才建立起来真正强大的"帝国"。沧海桑田，时

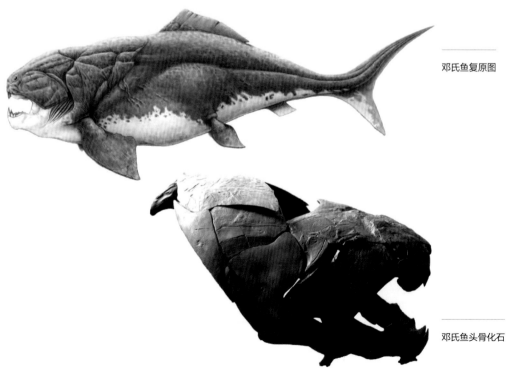

邓氏鱼复原图

邓氏鱼头骨化石

移世易，3.55 亿年前的泥盆纪末期，这个"帝国"轰然倒塌，如同一首壮丽的史诗在渐入高潮之时戛然而止，空余无尽遗憾。庞大的体形等卓然的特征令盾皮鱼具备了能与鲨鱼、硬骨鱼等新兴群体一较高下的实力，但它们在泥盆系之后的地层中神秘消失，其中原因耐人寻味。止步于泥盆纪的盾皮鱼展示着其"帝国"的昔日辉煌，向人们述说着曾经有一群披着铠甲、满口"骨牙"的大鱼横行于泥盆纪海洋——它们是最先真正成为海洋顶级掠食者的脊椎动物。

"鲨鱼之祖"——裂口鲨

在现今地球上，大型鲨鱼是当之无愧的"海洋杀手"。它们大多凶猛、彪悍。谁又能想到，它们在泥盆纪初登"舞台"时竟是一直被压制的"配角"？它们野心勃勃，对"海洋霸主"的地位虎视眈眈；它们韬光养晦，谋划了一条卧薪尝胆的蜕变之路。

大白鲨

　　鲨鱼的起源一直是个谜。古生物学家于 19 世纪末在美国克利夫兰页岩层中发现的裂口鲨是原始鲨鱼的代表。克利夫兰页岩层鲨鱼化石数量多，保存好。其中有些化石不仅呈现出鲨鱼完整的身体轮廓，还清晰展现了其脊椎骨、肌肉纤维。此后，随着研究的深入，人们发现早在泥盆纪，鲨鱼就已初具称霸海洋的王者之姿。

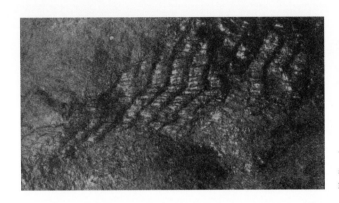

裂口鲨化石上的肌肉纤维痕迹

　　在泥盆纪初登生命舞台后，鲨鱼就朝着利于生存的方向缓慢而细致地演化着。它们无疑是生物演化历史上成功的范例。"鲨鱼之祖"——裂口鲨体长约 1 米，模样上隐约可见现代鲨鱼的影子。它们背上一前一后长有两个三角形的背鳍；腹部有一对宽大的胸鳍和一对较小的腹鳍；尾鳍是典型的歪尾，但上、下叶外观上对称；眼睛很大；有 6 个鳃弓。纺锤形的身体减少了游泳阻力，宽大的胸鳍和有力的尾鳍让它们能够快速地游动。

　　人们对泥盆纪鲨鱼的了解大多来源于它们的牙齿。相比于柔软的肉身，钙质的牙齿能在地层中长期、完好地保存。各式各样的牙齿类型，表明泥盆纪鲨鱼具有多样的捕食策略。裂口鲨的牙齿中间有 1 个较长的牙尖，两侧各有一个较短的牙尖，3 个牙尖朝向不同的方向。这样的牙齿虽然不适合切割肉块，但可以牢牢咬住猎物，防止猎物滑脱。到了泥盆纪晚期，鲨鱼的牙齿普遍具有多个主牙尖。这样的牙齿更适合撕咬猎物，也暴露了鲨

裂口鲨化石

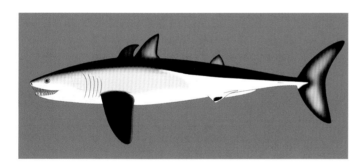

裂口鲨复原图

裂口鲨口中不同位置的牙齿

鱼凶狠的本性。

裂口鲨上颌骨和舌颌骨均与颅骨相连，这种两接型的悬挂方式在有颌类中是很原始的。不过，裂口鲨有强壮的颌骨肌肉。裂口鲨酷爱肉类，小型硬骨鱼是它们的最爱。凭借着矫健灵活的躯体，裂口鲨追捕猎物时往往出其不意，一口咬住猎物的尾巴，再将猎物整个吞下。然而，即便是现生鲨鱼中的佼佼者——大白鲨也有天敌，裂口鲨同样无法恣意驰骋于海洋。它们须时时刻刻提防着来自"盾皮鱼军团"的攻击。特别是体形硕大的邓氏鱼，张口能将裂口鲨咬得血肉模糊。在激烈的竞争和严重的生存危机之下，裂口鲨开始利用胸鳍和体形优势，不断演化，力求游得更快些，以摆脱凶猛的邓氏鱼。

到了泥盆纪末期，盾皮鱼的时代落幕。鲨鱼趁着天敌的式微而崛起，逐渐站稳脚跟，广布海洋。这些"配角"熬过泥盆纪，终于要利刃出鞘，迎接软骨鱼时代的到来。

鱼类时代的异军：菊石

在鱼类当"主角"的泥盆纪，菊石继承了祖先的模样，拿过了角石的接力棒，试图在海洋里创造属于自己的辉煌。

菊石自泥盆纪诞生，此后不断地演化，适应不同环境。在泥盆系之后的地层中分布着种类繁多的菊石化石，它们是一类典型的标准化石。菊石的祖先——角石曾受制于庞大的体形而无法在海平面下降的志留纪末期逃亡、存活。菊石则好像极力避免这样的悲剧，开始将壳体加厚、卷曲、盘旋。菊石外形整体呈圆盘状，有的种类生长纹加厚、加粗而形成生长肋，看上去就像盛开的菊花。

如果单看化石，很难将"螺旋状的角石"——鹦鹉螺与菊石分开，毕竟它们的亲缘关系相当近。但是，聪敏的科学家还是找到了两者的差别。其中，缝合线的差别最为典型。菊石和它们的祖先角石一样，在生长发育的过程中，内部的软体不断分泌新的壳壁。其中，横向的隔壁将新旧小室

鹦鹉螺壳剖面

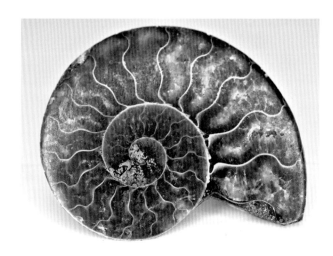

菊石化石剖面

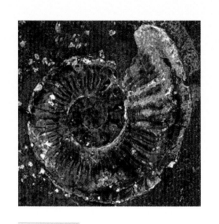

泥盆纪菊石化石

菊石复原图

分隔开来。这些隔壁与壳内面接触的线就是缝合线。剥开最外层的原生壳，便能发现鹦鹉螺的缝合线平滑，而菊石的缝合线通常为波浪状，充满动感。这种复杂的隔壁构造使得菊石在抗压性上更胜一筹，除了能够对抗来自天敌的威胁，还能够承受更大的水压。具有隔壁的复杂褶皱也让菊石的软体与隔壁的结合更紧密，从而提高了运动的稳定性。盘旋的壳使得重心处在身体中央，运动的灵活性也得到了提高。这些形态上的改变令菊石比角石更加耐受自然环境的多变。

菊石的特性让它们成为现代地质学领域的"明星"，菊石化石是受地质学家关注的化石之一。通过计算菊石壳体结构的强度，地质学家可以推算出化石发现地曾经的水深数据。遍布世界的菊石生长速度快，在各种海相沉积物中都可见其化石。因此，菊石化石常被用于地质断代，可区分小于 50 万年的地质时间间隔。

许多人更喜欢将焦点对准古老的鱼类，这却丝毫不影响菊石这群鱼类时代中的"异军"在之后的历史中突起。历经一次次的环境巨变，菊石种群在 3 亿多年的时光里持续闪耀着璀璨光芒。

泥盆纪大灭绝

泥盆纪的海洋宛如一座生命乐园。形态各异的鱼在其中穿梭，你追我赶；多种多样的头足动物在其中游弋，自由自在……然而勃勃生机背后暗藏着危机，一场灭顶之灾即将降临。

在泥盆纪末期，生命演化的进程按下了暂停键，海洋生物在这场急停中损伤惨重。还没等邓氏鱼坐稳"海洋霸主"

的宝座，它们所在的盾皮鱼家族便遭遇了灭顶之灾。本就奄奄一息的甲胄鱼被赶尽杀绝，海洋中刚刚兴起的浅海造礁珊瑚几乎悉数死亡，生命的乐园回荡着绝望之音。

泥盆纪晚期发生了多次生物灭绝事件。其中，晚泥盆世较大的就有3次，即中晚泥盆世生物大灭绝，弗拉斯阶–法门阶生物大灭绝和泥盆纪–石炭纪生物大灭绝，而以弗拉斯阶–法门阶生物大灭绝的规模最大。这场大灭绝很漫长，在1 500万～2 500万年的时间里，海洋一直被地狱般的阴影笼罩着。

泥盆纪晚期大灭绝原因一直扑朔迷离，相关假说众多，科学界仍争论不休。这些假说有全球性海退说、气候变冷说、火山喷发说、藻类泛滥说、物种入侵说、小行星撞击说和超新星爆发说等。众多的假说恰恰表明泥盆纪晚期大灭绝存在复杂的地质背景。总之，泥盆纪大灭绝使得曾经喧闹的生命乐园里空空荡荡，似乎不曾有生物来过。

在大自然无坚不摧的力量下，生命是那样弱小。然而，大自然也拥有复苏万物的神力，生命总能寻到一线希望。提塔利克鱼中的一支早在泥盆纪灭绝之前便离开海洋，爬上陆地。它们并没有在这场危机中受到严重的创伤，此后便开始了"从鱼到人"的漫漫征程。

石炭纪、二叠纪：海洋世界的权力更迭

在泥盆纪晚期大灭绝降临之前，一些生物向陆地进军，在不毛之地开始了它们的拓荒征程。这群率先登陆的生物并未被那场泥盆纪晚期的大灭绝灾难赶尽杀绝。随着地球环境的悄然改变，它们绝处逢生，开拓出一条前景光明的演化之路。

到了石炭纪，陆地上特别是赤道地区前所未有地长满了茂密的植被，绿意盎然。在三角洲，茂盛的树木被海水频繁淹没，随泥沙掩埋在地层之中，在经年累月的碳化作用下形成了煤炭，成就了"石炭纪"的美名，留存给当今人类超过 50% 的煤炭资源。植物大规模的光合作用为大气贡献了大量的氧气，石炭纪大气中的氧气含量一度达到了如今的 1.6 倍，那时的地表平均温度也明显高于现代，湿润的气候让各大陆都郁郁葱葱。适宜的气候条件孕育了丰富的生物群落，马荣溪化石群就是证据。在石炭纪，现在的美国伊利诺伊州还位于赤道附近，得天独厚的自然条件使得当地的三角洲成为众多生物适宜的栖息地，留下了备受世人瞩目的马荣溪化石群。在马荣溪化石群中可见到典型的海洋生物，包括多毛类、甲壳类、头足类、水母、棘皮类、鲨鱼等。

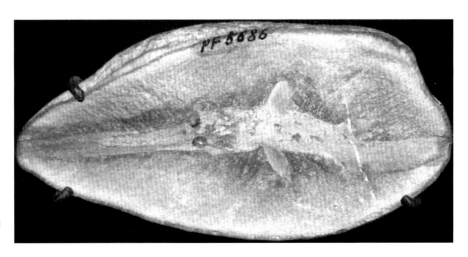

马荣溪化石群的
鲨鱼化石

到了石炭纪末期二叠纪早期，气候变得寒冷干燥，这促使了陆地爬行动物的崛起，地球进入了一个"巨兽时代"。德国二叠纪的地层呈现明显的二分性，上部是镁质灰岩，下部为红色砂岩，"二叠纪"的名字因此而来。石炭纪和二叠纪的生物演化历程较为连续，尽管石炭纪末期也有一部分生物灭绝，但生命的演化未受到严重阻滞。

相比于陆地上的熙熙攘攘，海洋稍显冷清，海洋生物在很长一段时间内未能走出泥盆纪大灭绝带来的创痛。好在生命的种子仍在，星星之火就足以燎起一片原野。石炭纪、二叠纪的海洋里还是那些"老面孔"，如菊石、腕足动物、腹足类、软骨鱼、硬骨鱼等。随着环境的改变，一场"权力大洗牌"在海洋中进行着。有些生物类群"扬眉吐气"，开始争夺"海洋霸主"的宝座；有些蓄势待发，趁机夺取生态位；有些则如蛟龙失水，不复当年光彩。

"扬眉吐气"的软骨鱼

在泥盆纪，软骨鱼"生不逢时"，遇上了凶猛强劲的对手——盾皮鱼，长期在盾皮鱼主宰的海洋世界中屈居"第二"。泥盆纪晚期大灭绝覆灭了它们的有力对手。到了石炭纪、二叠纪，以鲨鱼为代表的软骨鱼终于"扬眉吐气"，在广袤的海洋中一家独大，登上"海洋霸主"的宝座。

鲨鱼的身体呈纺锤形，游泳鳍强健有力。靠着体形的优势，不少种类的鲨鱼在海洋中稳居顶级猎食者的位置。石炭纪、二叠纪的鲨鱼将自身的凶残本色暴露无遗，它们在牙齿这一捕食利器上下足了功夫。因食物种类的不同，鲨鱼牙齿演化出了不同的形状：有的呈锯齿状，有利于撕咬猎物；有的呈扁平状，适合碾压动物的硬壳；有的则呈针状，能够提高抓咬猎物的效率。

在"子民"众多的软骨鱼王国中，涌现出不少"鲨鱼明星"，剪齿鲨和旋齿鲨是石炭纪最具代表性的鲨鱼种类。19 世纪于美国印第安纳州发掘出的剪齿鲨化石让科学家一时摸不着头脑，化石上歪七扭八的残骸超乎当时人们的认知。经过不断的甄别和比较，科学家终于确认它是剪齿鲨的牙齿。剪齿鲨体形庞大，甚至有七八米长。如此庞然大物通常需要高效的进食方式提供支持，牙齿在其中的作用至关重要。剪齿鲨的牙齿堆叠着，形成复杂的"牙齿螺旋"，这样的牙齿形态在游泳迅速的大型鲨鱼旋齿鲨身上也能见到。那么，造型独特的"牙齿螺旋"有什么作用呢？人们对此有很多种猜测，甚至有人认为这样的牙齿会给鲨鱼的游泳造成很大的阻力，并没有什么实际用途。比较有说服力的看法是，鲨鱼演化出这样的牙齿是模仿菊石。菊石在当时的海洋里算得上数量众多，是许多动物的食物。因此，如果以特定的方式模仿菊石壳上的螺纹，或许就能吸引到猎物。旋齿鲨的圆锯形牙齿正好可以钩住鹦鹉螺等动物的软体部分，方便取食猎物的肉。而且，这些鲨鱼的游速很快，更有可能在冲向鱼群或鹦鹉螺群时用牙齿给猎物造成致命的创伤。具有如此形态牙齿的鲨鱼毫无疑问是二叠纪的"明星"，在全球二叠纪地层中常能发现它们的身影。

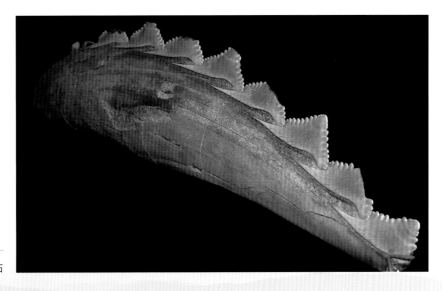

剪齿鲨牙齿化石

旋齿鲨牙齿模型

旋齿鲨复原模型

除了剪齿鲨和旋齿鲨之外，还有一些鲨鱼也因"突出"的外形出彩。最早出现于泥盆纪的异刺鲨是已知唯一的淡水鲨鱼。它们体长约1米，算不上庞然大物。其背鳍与现代鳗鱼的背鳍相似，因此人们猜测它们的游泳方式可能也与鳗鱼的类似。异刺鲨头顶长着一根奇怪的刺，这是其得名的原因。根据现存鱼类尾部的刺——尾棘推测，异刺鲨头顶的刺可能含有毒液，异刺鲨通过毒液麻痹天敌或猎物。

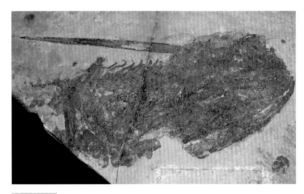

异刺鲨化石

和异刺鲨一样，胸脊鲨体形也不大，成体通常长2米。其背上的"大托盘"极具辨识度，"大托盘"上还分布着类似牙齿的鳞片。有人推测，胸脊鲨背上像托盘一样的构造是为了吸引异性的注意。在它们

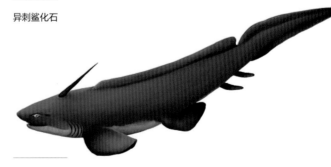

异刺鲨复原图

胸脊鲨化石

的胸鳍后面，还长有长刺，似乎可以用来抵御捕食者的袭击。

现代鲨鱼的祖先普遍采用卵胎生这一繁殖方式，时到今日，多数种类的鲨鱼仍是卵胎生的。这种更高等的繁殖方式极大地提升了鲨鱼的生存能力，使得它们快速适应环境，虽经历多次生物灭绝事件，但仍能繁衍至今。

悄然绽放的海百合

1.0厘米

海百合萼化石

植物在石炭纪、二叠纪的陆地上肆意舒展身姿，此时，蔚蓝的海洋里也分布着一片片"花园"，海百合正在这些"花园"之中悄然"绽放"。

海百合可能最早在寒武纪出现，在群星闪耀的寒武纪、奥陶纪等时期籍籍无名。直到石炭纪，它们一跃成为"海底花园"的主要建造者。海百合主要可分为有柄海百合和无柄海百合两大类。有柄海百合分为根、茎、冠三部分，冠又由萼、腕组成。它们用根固着在海底生活，一生"驻扎"在一个地方。如羽毛般轻盈的腕随水流轻摇着，远远看去宛如优雅的百合花。海百合习惯聚群生活，它们团簇在海底，为海底建造着独特的花园景观。然而，它们不是真正的花，甚至不属于植物。它们与我们所熟知的具有坚硬外壳的海星、海胆同属于棘皮动物，是棘皮动物中较古老的种类之一。茎上那形似花托的萼里有它们所有的内部器官。口是朝上开的，这极大地利于摄食。

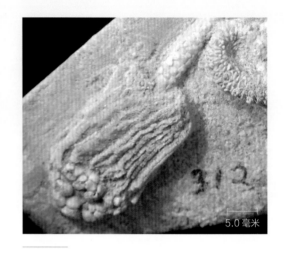

海百合化石

无柄海百合的形态、习性与有柄海百合不同。无柄海百合没有长长的茎，而只有萼和几条柔软、灵活的腕，口和消化管也位于萼的中央。它们既可以在水中浮游，又可以停在海底。浮游时，它们的腕交替收缩与舒张，一停下来就用腕附在海藻或者海底的礁石上，可以说"天空海阔，任其游动"。人们用"海中仙女"比喻无柄海百合，生物学家则给它们起了"羽星"的美名。

现生深海海百合

别看海百合姿态优雅，如花朵般娇艳，有些海百合却是凶残的捕食者。海百合主要吃海水中的浮游动物和有机质。它们用腕捕食。猎物被腕捕捉后，就被送到步带沟，包上黏液并送入口中。吃饱后，海百合的腕则呈收拢状，一副"酒足饭饱"的舒坦模样。

在海百合繁盛时期形成的海相沉积岩中，海百合化石异常丰富。可以说，海百合是古生代和中生代海相沉积岩中化石最丰富的类群，在石炭纪尤其如此。海百合死亡后，富含钙质的茎、萼很容易保存下来成为化石。在海水的激荡冲刷中，腕和茎常因形态和质量差异而被分散开，最终沉积在海底的

现生海百合

不同位置，难现"百合花"的美丽风姿。因而，那些以完整形态保存下来的海百合化石十分珍贵，不仅是古生物学家的挚爱，也是令众多化石爱好者甘愿一掷千金的收藏品。时至今日，海百合仍在海洋中"绽放"着，尽显生命的优雅。

二叠纪大灭绝

正当无数生命万花筒般地出现在地球上时，生命演化的进程再一次遭到重挫。二叠纪末期，一场空前惨烈的生物大灭绝在全球发生。这场大灭绝被认为是地质历史上最严重的生物灭绝事件，其持续时间和波及范围在地球过往历史中绝无仅有。二叠纪末大灭绝持续了约 6 万年，约 81% 的海洋物种和约 89% 的陆地物种灭绝。

那段时间里，地球上哀鸿遍野，陆地上、海床上布满生物的残骸。绝大多数物种彻底退出了历史舞台，四射珊瑚、床板珊瑚、蜓类和三叶虫全部灭绝，生物礁遭遇颠覆性的毁灭。在海洋生态系统中，无论是生活在深海还是浅海，营底栖生活还是游泳生活的生物，几乎都遭受了灭顶之灾，延续了 3 亿年左右的古生代生态系统被彻底颠覆。

生命演化严重停滞，一度倒退到了蓝藻类泛滥的前寒武纪时代。科学家研究了穿越生物灭绝线的菊石化石，发现了这样一种现象：在正常的演化进程中，菊石缝合线总是从简单到复杂，然而，在二叠纪大灭绝中幸存下来的都是缝合线简单的种类。

这一场大灭绝并非"天外来星"——陨石带来的，而是由地球内部引起。来自地幔深处的岩浆喷涌而出，产生了剧烈的火山活动，烟灰弥漫，热浪排空。规模极大的西伯利亚地盾火山爆发产生了大量的甲烷和二氧化碳等温室气体。这些温室气体是生物大灭绝的"嫌疑犯"，它们不仅使地球处于温室状态，而且大量被海洋吸收，导致海洋表面水体酸性增强。酸化海洋给有钙质骨骼的生物带来严重的打击。

　　由于地球板块构造运动，加上火山爆发以及海平面降低等，当时地面风化作用加强。于是陆地上富含营养的土壤、植物都被搬运到了大海中。随着大洋环流停滞，储存在海底的大量硫化物无法释放到大气中，就不断聚集并向上扩散，泛出浅海地区，使得绿硫细菌大肆泛滥，几乎耗尽了海洋中氧气。分泌碳酸钙骨骼的浅水生物，如珊瑚、贝类、腕足类以及苔藓虫成了这场灾难的最大受害者。一系列连锁、交错的灾难事件让海洋生态系统在内忧外患之中崩溃，众多海洋生物被逼到绝境，死伤惨重。二叠纪的生命剧场千疮百孔、萧瑟凄凉。

　　在二叠纪之前，地球见证了太多的灭绝，生命的繁荣与衰退始终是地球演化的一个主题。地球有着强大的自我修复能力，哪怕已是满目疮痍，也总能恢复生机。二叠纪和三叠纪之交的这场大灭绝不会彻底摧毁这颗蓝色星球，幸存的海洋生物和来自陆地的"下海军团"将在三叠纪的海洋开辟新的家园。

小链接

地盾

　　地盾是地壳上相对稳定的区域，通常是大陆板块的核心。这里的造山活动、断层等地质活动都很少。也有人认为地盾是最早的板块。著名的地盾有西埃塞俄比亚地盾、波罗的海地盾、西伯利亚地盾、加拿大地盾等。形成西伯利亚地盾的火山喷发持续时间长，熔岩在地表漫溢堆积面积大，造成了全球气候灾难。

中生代：海洋爬行动物王朝

　　二叠纪的终结让地球告别了古生代。满目疮痍的地球经过漫长的自愈，在进入中生代后即将迎来新的生命演化浪潮。中生代伊始，地球上的陆地还是统一的盘古泛大陆，但从侏罗纪开始，泛大陆裂解和离散，产生了大大小小的海和洋。地球生物的多样性在中生代得到了新的发展。

　　中生代那些人们耳熟能详的地质纪年令人兴奋。中生代可分为三叠纪、侏罗纪和白垩纪 3 个地质时期，起始于 2.52 亿年前，结束于 6 600 万年前。听到这些地质时期的名称，想必读者脑海中很快就浮现出体形庞大的恐龙和葱郁茂密的丛林。恐龙作为中生代爬行动物的代表，在亿万年前的陆地称王称霸，在当今也拥有不少狂热的爱好者。历经 1.86 亿年的中生代也因此被称为"爬行动物时代"。有趣的是，三叠纪之初，陆地上的一些生物开始回溯祖先攀爬上岸的路径，重返海洋。

霸王龙骨骼模型

重返海洋：回溯祖先来时路

　　二叠纪末突如其来的大灭绝将地球生命卷入一场大洗牌。无情的自然之手磋磨着万物生灵，海洋生物也难逃一劫。曾经非常繁盛的三叶虫、四射珊瑚、床板珊瑚、蜓类就此消失，海百合、腕足类等惨遭重创，生物礁几乎消失殆尽。海洋世界凋败零落，陆地生物也在寻找更好的生存机会和空间。一些动物像它们从海洋爬上陆地的祖先一样，开始了迁徙，不过这次它们要"回到海洋"。这些动物的祖先在泥盆纪历经千辛万苦才踏上陆地，为什么要在亿年之后走回头路呢？原因或许很多，可以肯定的一点是，为了这次的"向海之旅"，它们已经在陆地上积累了足够多的演化优势。它们与最初爬上岸的鱼类祖先一样，向往更广阔、自由、资源充沛的栖息地。而彼时，大灭绝之后萧瑟空旷的海洋正是它们的不二选择。

　　最先回溯祖先来时路的是两栖动物。凭借着水栖生物固有的天然优势，以长吻迷齿科种类为代表的海洋两栖动物找到了契机。它们以鱼类、软体动物为食，种群迅速繁衍壮大。但好景不长，这些两栖动物遭遇了大火成岩省活跃所导致的海水温度上升。在动荡不安的环境里，它们"占领"海洋的计划以失败告终。

　　爬行动物经过漫长的演化，好不容易摆脱了生殖和发育过程对水的依赖，得以在陆地上生存繁衍。在陆地世界竞争逐渐白热化的形势下，它们

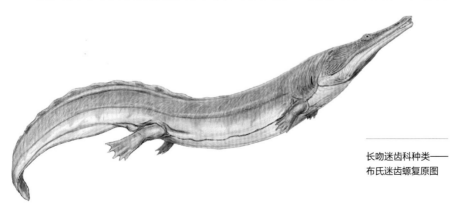

长吻迷齿科种类——
布氏迷齿螈复原图

小链接

大火成岩省

大火成岩省是连续的、体积庞大的、由镁铁质或长英质火山岩及伴生的侵入岩所构成的岩浆建造。它们在很大程度上与来自深部的地幔焰活动有关，是地幔焰岩浆活动的直接产物。不少研究发现了大火成岩省活动与二叠纪-三叠纪、白垩纪-古近纪界限上的生物灭绝事件之间的联系。二叠纪末至三叠纪初，西伯利亚和峨眉山大火成岩省的形成，是古生代、中生代之交生物大灭绝的一个重要原因。

抓住了两栖动物失败的窗口期，开始重返海洋。与此同时，海洋软体动物的繁盛为海洋爬行动物提供了丰富的食物来源，初返海洋的爬行动物迅速演化，适应了海洋环境，一举占据了中生代广袤的海洋空间。从鱼龙、蛇颈龙到沧龙，再到现存的海龟、海蛇，都是重返海洋这一尝试的胜利者。

三代"海洋霸主"的往事

中生代的海洋像一个大型擂台，众多生物跃跃欲试，一较高下。最受人们关注的便是由海洋爬行动物组成的队伍。它们当中有声名显赫的鱼龙和蛇颈龙、盛极一时的沧龙……这支队伍的成员在中生代海洋中先后登场，鲜有敌手。

鱼龙，作为爬行动物中第一个称霸海洋的类群，有着许多传奇的故事与让其在海洋中纵横自如的技能。鱼龙的祖先重新投入海洋的怀抱，演化出适应海洋生活的身体结构。适应性特征世代积累，造就了鱼龙的形态。鱼龙如同横空出世的武者，一出场便将鲨鱼从"海洋霸主"的位置踢下，从此改变了鲨鱼一家独大的海洋格局。

然而，罗马不是一日建成的，"海洋霸主"也并非凭空出现，而是经历了漫长的演化过程。鱼龙最早出现在2.5亿年前的三叠纪。早期鱼龙形

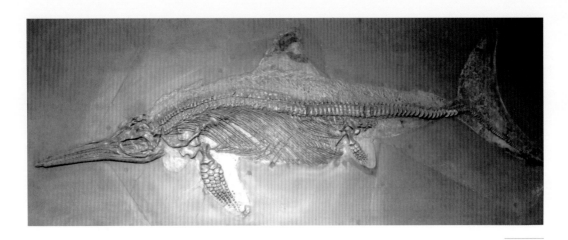

鱼龙化石

如有鳍的蜥蜴。在中国安徽巢湖生物群化石中有大量早期鱼龙——巢湖龙的遗迹化石，它们普遍体形较小，体长 0.5 ~ 0.7 米，头部呈三角形，嘴里密布尖细的牙齿。早期鱼龙已经具备了高级的繁殖方式。一块巢湖龙化石清晰地记录下鱼龙的分娩时刻：一条雌性鱼龙旁边有一条幼小的鱼龙；还有一条小鱼龙的头部露出，身体后部尚留在母体内。化石将鱼龙的分娩瞬间永久定格。这种先露出头部的生产方式与陆地动物分娩的方式相同，向人类暗示着鱼龙的祖先可能是陆上爬行类。在适应海洋环境的过程中，卵胎生这种生殖方式能够极大地提高后代的成活率。这对鱼龙族群在中生代海洋的壮大而言，简直如虎添翼。

巢湖龙化石

经过长期的演化，鱼龙逐渐适应了海洋环境，最终演化出了适宜于游泳的流线型的庞大身体，与现代海豚的体形相似，因而鱼龙也常被称为"中生代大海豚"。鱼龙在体形大小上的突破是迅速的。据现有资料，在其存续的近 1.6 亿年间，鱼龙仅用了短短几百万年便获得了与现代鲸类大小相当的体形。三叠纪的鱼龙朝着大型化发展，地球历史上的第一批巨型鱼龙之一——杨氏杯椎鱼龙便出现于三叠纪中期。它们体长可达 17.6 米，身体呈鳗状，与巢湖龙类似，具有尖头、歪尾。

大眼鱼龙巩膜环化石

鱼龙眼睛的特征最为突出。最具代表性的大眼鱼龙，眼眶直径可达 30 厘米，其眼眶所占身体的比例是所有已知脊椎动物中最大的。大眼鱼龙眼球外部包裹着一圈环状的骨头，称为巩膜环。巩膜环能加强眼球结构的稳固性，保护眼球，还能让大眼鱼龙即使在昏暗的环境中也能清晰视物，快速锁定猎物。发达敏锐的视觉系统为鱼龙的称霸之路扫除了不少障碍。

大眼鱼龙复原图

鱼龙以每小时 40 千米的速度在三叠纪海洋中一骑绝尘。便于快速游泳的体形特征除身体呈流线型之外，还有四肢特化成鱼鳍状。鱼龙将适于陆地上爬行的强壮四肢，演化成用于在水中保持身体平衡的鳍状肢，长而细的尾巴则演化为强壮有力的尾鳍，成为游泳强大的助推器。从鱼龙化石可见它们四肢均有一粒一粒的小骨头，这些是鱼龙所特有的指骨。鱼龙四肢与鱼类由鳍条组成的鱼鳍构造完全不同。同时，鱼龙保留了陆地祖先用肺呼吸的特征，所以每隔一段时间，便要到水面换气。肺呼吸实现的高效气体交换为它们快速游泳提供了氧气支持，这也是鱼龙区别于鱼类的重要特征之一。

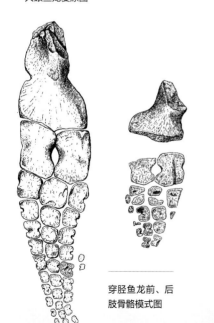

穿胫鱼龙前、后肢骨骼模式图

鱼龙的"称霸之路"可以说是顺风顺水，即使是三叠纪中期频繁发生的海退和海进事件，也未能使它们灭绝。它们的族群在三叠纪一度登上"权力"的巅峰，却最终在白垩纪伴随着中生代的落幕而退出地球大舞台。这个在地球历史上存续了长达 1.9 亿年的生物类群给人类带来了生命演化的启示，让许多人对它们的"崛起之路"兴奋不已。

鱼龙是三叠纪海洋的最高统治者，但是到了侏罗

纪,海洋世界的"权力"格局又一次发生了转变。蛇颈龙来势汹汹,自三
叠纪晚期出现以来,便以其凶猛蛮横而威震海洋。到了侏罗纪,蛇颈龙已
称霸海洋;鱼龙则甘拜下风,不得不拱手让出"王位"。

蛇颈龙虽在海洋中大杀四方,却有着"萌萌"的奇怪外表。有些蛇颈
龙体形庞大,体长可达 15 米,仅脖子就能达到体长的 1/2,长长的脖子
上却长着一颗小小的脑袋。游泳时,它们在水中扇动着鳍一般的四肢,甩
着一条短尾巴。具有此类形态的蛇颈龙一般归属于蛇颈龙超科。薄片龙是
蛇颈龙家族中的一大明星,它以骨盆内呈板片状的骨骼而得名。据推测,
薄片龙的颈椎最多可达 72 枚。要知道,人类的颈椎仅有 7 枚。关于蛇颈
龙家族特有的长脖子究竟有何演化优势,仍无定论。人们推测长脖子可能

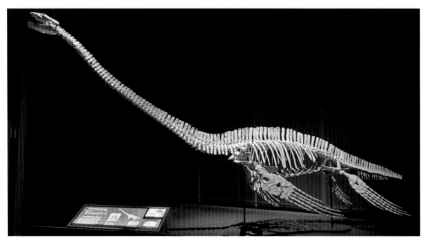

薄片龙化石

滑齿龙复原图

一条蛇颈龙的胃石

有助于蛇颈龙在捕猎或游泳时控制前进的方向。然而，并不是所有的蛇颈龙都有长脖子。属于上龙超科的蛇颈龙，如大名鼎鼎的滑齿龙，长着粗短的颈部和巨大的脑袋，体长约 7 米，庞大的头骨就可达 1 米长。它的牙齿像一把把巨大的弯曲的利刃。若是被这样的牙齿咬住，可就在劫难逃了。

蛇颈龙的摄食范围十分广泛，从鱼类到外壳坚硬的贝类都是它们的猎物。人们在蛇颈龙化石的消化道中找到了鱼类、蛤蜊、螃蟹等多类生物。蛇颈龙的消化道里还有许多石头——胃石。在澳大利亚出土的一枚蛇颈龙化石，其胃里的胃石竟有 135 块！古生物学家认为，蛇颈龙吞入大量石头以增加体重，让自己能浸没在水中并游向深海。也有人认为胃石有助于消化食物，尤其是带有硬壳的食物可以被胃石磨碎，这与蛇颈龙食用贝类的习性是相适应的。

近年来，随着发现的化石越来越多，人们逐渐意识到蛇颈龙不仅分布在海洋中，也分布于河流、湖泊等淡水里。在摩洛哥的撒哈拉沙漠地区曾挖掘到一些中生代的化石，其中有成年蛇颈龙的牙齿和幼年蛇颈龙的臂骨。牙齿化石的发现与研究，描绘出一幅蛇颈龙在淡水生态系统里长期生活的图景。人们对于蛇颈龙的了解并不及对鱼龙的那样深入，目前还未发现关于蛇颈龙繁殖方式的化石证据。蛇颈龙并不像其他爬行动物那样具有可支撑腹部的腹肋，因而很难通过卵生的方式繁殖，而很可能像鱼龙那样采取卵胎生的方式。不过，具体情况如何，还有待更多化石证据的发现。

"龙之队"的成员在中生代依次亮相。最后一位"成名"的是沧龙。它一出场，便掩盖了蛇颈龙的光芒。

巨大的体形、强壮的颌以及锋利的牙齿，足以捍卫沧龙在中生代海洋中的顶级掠食者地位。沧龙的上、下颌巨大，配合倒钩状弯曲的牙齿，只需轻轻一动嘴，便能将猎物拦腰咬断，轻而易举地碾碎其他海洋爬行动物的头骨。在中生代海洋中，即使是昔日的"海洋霸主"鲨鱼和蛇颈龙家族的薄片龙，也只能向沧龙臣服。陆地上的生物也难逃其口——沧龙偶尔会到岸边觅食，当时在陆地上广为分布的恐龙只能沦为它们的"盘中餐"。不过，缓慢的爬行速度不足以支撑沧龙在岸上长距离觅食，海洋才是它们的"主战场"。

沧龙普遍体形庞大。大型沧龙中的代表——海王龙，大多体长超过

海王龙化石

1766年首次发现的霍夫曼沧龙化石

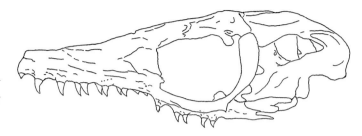

美溪磷酸盐龙头骨
结构图

10米，但与其他大型沧龙相比，海王龙身躯纤细，拥有较窄的胸带、骨盆带，四肢骨中空，没有尾鳍。这样的结构特征充分减轻了海王龙的体重，使得它们在海中游泳的灵活性得到了很大的提高。已知最大的沧龙是霍夫曼沧龙，体长近17米，推测其体重超过20吨。霍夫曼沧龙的鼻孔位于头的顶部，四肢扁平似船桨，便于划水。沧龙家族中也有一些小型种类。发现于日本的美溪磷酸盐龙个头不大，约3米长，却有着巨大的眼眶。据推测，美溪磷酸盐龙双眼视野重叠达35°，而其他沧龙的视野重叠均不超过30°。此外，美溪磷酸盐龙的眼睛中有大量感光细胞，可在黑夜来临后捕捉到猎物发出的光。

沧龙终于在晚白垩纪迎来了它们的黄金时代。此时，沧龙家族中出现了高度演化的物种——浮龙。浮龙拥有更加扁平修长的鳍状肢，外观也呈流线型，脊椎与此前的沧龙相比更加弯曲，这为它们游泳速度的提高提供了基础。

沧龙在中生代白垩纪海洋中大杀四方，很难想象它们的祖先是体长不

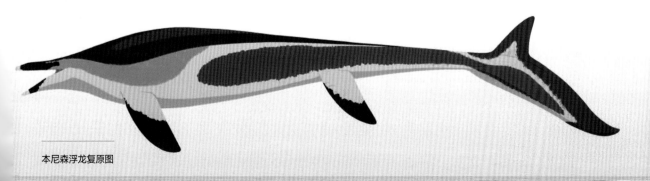

本尼森浮龙复原图

一种崖蜥的复原图

足 1 米的小型动物。沧龙家族的发展史可以说是一个励志故事。沧龙起源于陆地上一种不甚起眼的蜥蜴——崖蜥。短短数百万年间，崖蜥竟然从90 厘米的小蜥蜴演化成了十几米长的庞然大物。为了适应海洋环境，它们的脚趾逐渐演化成蹼，尾巴演化为尾鳍。它们虽然因此失去了在地面上自由行走的能力，却成为白垩纪当之无愧的"海洋之王"。

沧龙打败了凶猛的蛇颈龙，却"生不逢时"。它们刚在白垩纪晚期站稳脚跟，便在环境的巨变中覆灭。昙花悄然绽放时多么惊艳，刹那而逝时就多么令人叹惋。人们在面对白垩系地层的化石，惊叹于这位中生代王者的威风凛凛时，也会不觉感叹大自然不可抵抗的巨大力量。

菊石与鹦鹉螺的命运

关于中生代海洋还有一些深埋在地层里的往事，令人唏嘘。菊石这类早在早泥盆世就出现的软体动物，在历经多次大规模灭绝事件之后，在中生代曾繁盛一时。与菊石同属于头足纲，具有相似外形的鹦鹉螺却"郁郁不得志"，在古生代的后期逐渐退居角落。然而，这并不是两者的最终命运。菊石虽然凭借更加复杂的缝合线在中生代之前的海洋中自由自在地生活，甚至能到达更深的水域，却在白垩纪与一众海洋爬行动物一同沉入漆黑的海底，定格为精美的化石。而结构原始、相对简单的鹦鹉螺存活至今，成为"活化石"。

为什么灭绝的是演化程度更高的菊石，而非原始的鹦鹉螺？物种的灭绝与否绝不是大自然掷骰子随机决定的。优胜劣汰，适者生存。菊石和鹦鹉螺的不同特征在冥冥之中埋下了它们命运转折的伏笔。

菊石喜欢选择浮游生物丰富的浅海区域作为繁殖地，每次生产大量的小型卵。菊石幼体一出生就有充足的食物来源。与之相比，鹦鹉螺则喜好在较深的海域中产卵，每次产少量较大的卵。鹦鹉螺幼体孵化出来即能独立捕食。这样看来，菊石繁殖后代像是"广撒网"式的，以庞大的后代数量来抵御环境变化或天敌捕食对种群数量的冲击；而鹦鹉螺的繁殖像是"精耕细作"，用少数"精锐"使物种得以延续。如果环境适宜，自然是菊石以"数量博生存"的策略更胜一筹。但到了白垩纪末期，地球的气候逐渐变冷，海平面大幅下降。浅海区域的生物首当其冲，浮游生物数量剧减，依赖浮游生物的菊石幼体举步维艰。在恶劣环境的步步紧逼下，菊石最终退出了地球生命舞台。在深海"深居简出"的鹦鹉螺逃过了气候巨变带来的劫难，并在之后多次大大小小的灭绝事件中侥幸存活，才成为如今的"活化石"。

白垩纪末期，一颗"天外来星"打破了海洋的平静。延续3亿余年的菊石与中生代的三代"海洋霸主"从地球生命舞台上谢幕。这场浩劫导致海洋中50%以上的无脊椎动物种类灭绝，陆地成为一片火海，"恐龙时代"走向终结。值得庆幸的是，仍有大量生物得到了海洋的庇护，甚至乘上小行星撞击的"东风"，在海洋开辟新的生存空间。海洋生物的演化史在继续书写。

晚白垩世菊石化石

鹦鹉螺化石

新生代：海洋哺乳动物登场

距今 6 600 万年前，伴随着中生代的尾声，地球进入了新生代。直至今日，我们仍处于新生代。地球生命演化的历史在继续书写，地球的环境也在悄然改变。地球板块此升彼降，分裂、运移、相撞，逐渐形成了今天的海陆分布格局。地球气候也几经转变。5 550 万年前，地球板块活动活跃，从地壳中释放的大量的热量使得地球处于高温炙烤中。3 390 万年前，南极大陆冰盖形成；250 万年前北极出现冰盖。伴随着南极大陆冰盖和北极冰盖的相继出现，地球从两极无冰的"温室地球"变成了两极全年都有冰雪覆盖的"冰室地球"。总体而言，新生代的气候模式从"温室"向"冰室"转换，尽管中间有过多次小幅升温事件，但整体呈降温趋势，并最终形成了地球历史上最大的冰期之一——第四纪冰期。这样剧烈的环境变化给地球上的生命带来严峻的挑战，深刻影响了生物多样性和物种的分布。我们人类正是在地球环境的剧烈变动中，悄然登上生命演化舞台的。

地球早已对大大小小的灭绝事件司空见惯，地球生命也不会因为一次灾难而彻底凋零。灭绝事件与地球海陆构造和气候的改变息息相关，其结果往往是生物多样性更上一个台阶。到了新生代，小行星撞击地球后的幸存者开始发展，长期生活在爬行动物阴影之下的哺乳动物蓄势而起，填补了恐龙灭绝后的空缺。哺乳动物不仅成为陆地世界的新主宰，也开始投身海洋，成为海洋生物世界的新类群。此时，海洋中的鱼类也逐步走向鼎盛。

鲸的演化史：从陆地到海洋

在 5 550 万年前的始新世，与中生代的陆地两栖动物和爬行动物一样，哺乳动物也开始重返海洋，完成了一场"从陆返海"的动物演化壮举。

海洋哺乳动物是指能够适应海洋栖息环境的哺乳动物。从外形上看，它们大多与鱼类等海洋原有物种类似，身体呈流线型，前肢特化为鳍状，便于游泳。但在结构上，它们与鱼类大相径庭。海洋哺乳动物胎生，雌性用乳汁哺育幼崽；它们用肺呼吸，具有恒定的体温。鲸处于最早入海的一批哺乳动物之列，那么，它们的陆地祖先又是什么样的呢？这仍是一个谜。许多科学家认为鲸的祖先和河马、骆驼、猪等偶蹄类归为同一类群，可是已发现的鲸类化石却让这个谜愈加难解。毋庸置疑的是，海洋哺乳动物来自陆地，经历长期的演化才适应了海洋生活。

从化石证据来看，古鲸与现代鲸有许多不同之处。比如，古鲸的鼻孔位置更靠近鼻尖，古鲸亚目的一些种类保留有发达的后肢，或许它们同时具有在陆地行走的能力。已知的最古老的鲸是出现于 5 000 万年前的巴基鲸。1978 年，密歇根大学古生物学家在巴基斯坦境内的喜马拉雅山麓发现一块头骨化石，但无法确定其所属种类。1983 年，这种动物的全身化石终于被发现。它的外形像狼，但有着只有现代鲸才有的耳骨构造。后来的研究逐渐揭开了这种神秘生物的面纱，人们将它命名为巴基鲸。巴基鲸的眼距较小，鼻子很长，鼻孔内有神经穿过，可能具有较为敏锐的嗅觉。它们的脚趾细而长，脚趾尖部的肌肉发达，说明它们可能有蹼，也能在陆地上行走。由于还没有演化出鳍状肢，巴基鲸在水里捕鱼时不可能像现代鲸这般灵活畅快。

以巴基鲸为代表，早期的鲸像是"半陆半海"的生物，在长期的演化中"入乡随俗"，逐渐向"海洋型"发展。在巴基斯坦发现的距今

一种巴基鲸的复原图

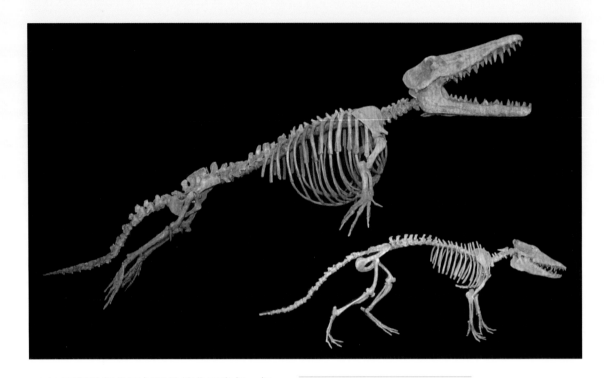

走鲸（左上）与巴基鲸（右下）的骨骼对比

4 900万年的新化石与巴基鲸化石类似，但其尾巴更加宽大、扁平，后腿骨变短且向后上方倾斜，身体呈适于游泳的流线型，既具有哺乳动物适应陆地爬行的特征，又表现出在水下游泳的能力。这类生物被称为走鲸，也称陆行鲸、游走鲸。走鲸化石普遍被发现于浅海环境中形成的岩层。然而，对其牙齿的同位素研究揭示走鲸多以淡水脊椎动物为食。因此，它们可能在淡水和浅海自由往来，是哺乳动物从陆生向水生过渡的重要证据。在短短百万年间，鲸的演化又前进了一大步。距今4 700万年的罗德侯鲸头骨变大，

一种罗德侯鲸的复原图

颈椎骨收缩、变短，后肢大而有蹼，更适应海洋生活。鲸逐步深入海洋的同时，其分布范围快速扩张。从鲸的祖先"下海"算起，不到 1 000 万年的时间里，古鲸的分布范围已经与现代鲸的相当。

4 100 万年前的龙王鲸化石清晰展示了新生代鲸的"海洋型"形态。尽管龙王鲸还有后肢，但已经明显不足以支撑其庞大的身体，这表明了鲸类已经完全适应了在海洋的生活。这些体长动辄近 20 米的巨兽，有资格在始新世海洋动物"最大体形"的较量中拔得头筹。龙王鲸的尾部出现了类似鳍的构造，有助于快速游泳。但由于它们在环境的巨变中无法适应深海的压力，逐渐走向了灭绝。相反，身材小巧的走鲸却凭借强壮的肌肉和短粗的流线型身材，慢慢显示出生存优势。伴随着南大洋生态系统的变化和洋流的改变，南极、北极等高纬度地区有了更充足的养料供应，小型走鲸得以在寒冷的极地海洋存活，演化为现代的两类鲸——须鲸和齿鲸。

随着时间的推移，古鲸日渐衰落，体形庞大的龙王鲸早早地退出了生命演化的舞台。早期须鲸方兴未艾，逐步占据了龙王鲸的位置。新生代中期，最古老的抹香鲸出现了。掠食性抹香鲸是抹香鲸家族的一个重要类群。与以头足类为主

具有牙齿的原始须鲸——简君鲸头骨化石

龙王鲸骨骼标本

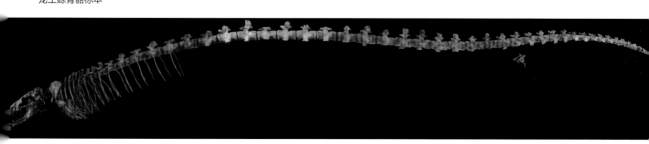

梅氏利维坦鲸头骨模型

利维坦鲸复原图

食的现生抹香鲸不同，它们的上、下颌都长有大型牙齿，主要以大中型脊椎动物为食。掠食性抹香鲸占据着广袤的海洋，演化出了脊椎动物"巅峰"掠食者的代表物种之一——利维坦鲸。利维坦鲸的头骨较短，具有粗壮的颌骨，巨大的颞窝暗示着它们拥有强大的咬合力。目前发现的利维坦鲸化石的牙齿直径为 8 ~ 12 厘米，长度达 36 厘米，比现代抹香鲸的牙齿大得多。如此粗壮且锋利的牙齿加上巨大的颞窝，足以让利维坦鲸获得新生代中期"顶级杀手"的称号，连同时代的巨齿鲨也只能是它的手下败将。

巨齿鲨牙齿化石

根据已有的发现，体积庞大的现代鲸是在 450 万年前才开始出现的。上新世春、夏季气候温暖之时，海冰的消融释放出大量的营养物质，促进了浮游藻类和浮游动物的繁殖。这些浮游生物在洋流的推动下汇集于近海，为鲸提供了充足的食物来源。于是，鲸的体形日渐庞大，也更具竞争力。

哺乳动物"返海"的机遇与挑战

鱼类爬上陆地，经历漫长岁月和无数次演化尝试，才演化出两栖动物、爬行动物和哺乳动物，而这些生物中有一部分却在中生代重返海洋。"从陆返海"的演化已不是初次出现。那么，鲸的祖先为什么要回到海洋？人们对此有太多的猜测，大多数人认为它们是为了更多的食物和更广阔的栖息空间。

白垩纪大灭绝之后，哺乳动物初现称霸陆地的端倪。然而，新生代初期，地球气候炎热干旱，水资源成为影响生物生存的关键因素。陆地生物往往沿水而居，在湖泊、河流等水域附近"安营扎寨"。随着陆地生物种群的扩张，在陆地上寻找适宜生存的空间越来越难，一些哺乳动物尝试进入海洋，并在长期的演化过程中逐渐适应了海洋环境，最终形成与陆地哺乳动物不同的特征。

"返海"对这些哺乳动物而言并不容易，它们必须面临形态演变和生理适应等诸多挑战，在捕食、运动、呼吸和感觉等方面做出改变。与陆地哺乳动物相比，鲸在长期演化中抛弃了浓密的毛发，裸露着光滑的皮肤，这极大地减小了游泳的阻力，提高了游泳的速度。然而，海水远高于空气的导热性令动物身体热量更容易散失。没有了御寒保暖的毛发，如何在海洋中维持体温恒定成了哺乳动物重返海洋的主要挑战之一。为此，以鲸为代表的海洋哺乳动物演化出厚厚的皮下脂肪层，使它们在冷水中也能保持体温。为了在水下更为灵敏、准确地定位猎物和障碍物等，获得周围环境的信息，鲸演化出回声定位的本领。它们还将陆地上特有的身体构造变成在海洋中生存的依靠：适于在陆地上行走的足演化为适于游泳的桨状鳍肢；作为呼吸通道的外鼻孔从头部前端移到顶部，无须把头部完全露出水面便能呼吸；有弹性、可折叠的巨大的肺，可为气体储存和高效率气体交换提供空间，有利于深海潜泳。研究发现，不同支系的哺乳动物的祖先和演化历程各异，尽管如此，它们体内与体温维持、体形、低氧耐受、回声定位、视力等有关的基因，却发生了一些一致的改变。可以说，它们在长期演化中殊途同归。

试想一下，如果泥盆纪鱼类没有爬上陆地，地球上是否还会有鲸这样的海洋哺乳动物出现？答案自然是否定的。回顾地球生命已走过的演化之路，我们不难发现，自然界的神奇之处在于每一次剧烈的环境变化都会产生新的生命形态，哪怕是在生命大灭绝的惨剧之后，也会"柳暗花明又一村"。陆地哺乳动物"返海"，离开暂时的"舒适圈"，从而走上了海洋哺乳动物这条演化新路线，获得了更广阔的生存空间。

鱼类新世界

泥盆纪之后，陆地脊椎动物的演化成了人们关注的目标。复杂多变的陆地环境，使演化更加精彩纷呈，从两栖类到爬行类，再到哺乳类，高潮迭起。于是，海洋里鱼类的光芒似乎被掩盖了。但这并不意味着鱼类走向衰落，相反，辽阔的大洋一直孕育着鱼类等生物演化的火种。当新生代来临，海洋中的鱼类达到了种类和数量的高峰，许多现在可以见到的类群已登场亮相。

鱼类可按骨骼的类型分为硬骨鱼和软骨鱼。其中，硬骨鱼中又可按鱼鳍的结构分为辐鳍鱼和肉鳍鱼。辐鳍鱼的鳍有由辐射状的骨质或角质鳍条支撑的皮膜，区别于肉鳍鱼由中轴骨支撑的肉质鳍。在鱼类的演化史上，肉鳍鱼和辐鳍鱼在泥盆纪末分道扬镳：肉鳍鱼为主力的鱼类在泥盆纪末爬上陆地，推动了陆地四足类脊椎动物的演化；而辐鳍鱼则成为鱼类自身演化道路上的有生力量，成为地球水域的征服者。在今天的地球上，硬骨鱼遍布世界各地。从高山湖泊到海洋深处，从热碱湖到严寒刺骨的南极，都有它们的踪迹。这个群体以其形态和习性的非凡可塑性，在各种水域环境里怡然自得。

辐鳍鱼的演化马不停蹄。到了新生代，海洋成为一个繁荣的鱼类新世界。在新生代最受瞩目的莫过于出现于三叠纪的真骨鱼。它们在鱼类之中出现得最晚，在新生代经历了爆发式辐射演化，几乎征服了所有海域。真骨鱼属于辐鳍鱼，其体内骨骼大多已高度骨化，以体表质轻而薄、富有弹性的骨鳞取代了甲胄鱼厚重的"盔甲"，减轻了不少负担，游泳更灵活。真骨鱼类从晚侏罗世起逐渐取代全骨鱼类，在新生代时演化辐射，并成为水域的真正征服者。它们是水域中最成功的脊椎动物类群。

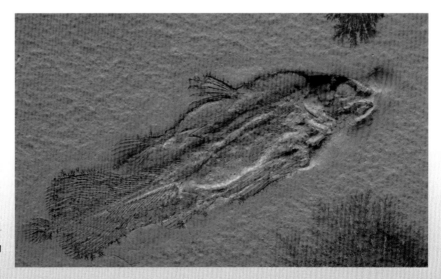

侏罗纪地层中的
肉鳍鱼化石

　　新生代已过去了 6600 万年,生物分布格局逐渐稳定。人类习惯把新生代称为"哺乳动物的时代"。我们虽无法亲见地球过往历史上的生命繁荣与灭绝,却见证了许多物种的逝去。曾经立于食物链的顶端,在长江纵横驰骋的"中国淡水鱼王"——白鲟难逃灭绝的命运,中华鲟野生种群也岌岌可危。人类曾妄称自己是"地球的主宰",实际上不过是自然万物的一分子,仅仅陪伴了地球的"一瞬"。尊重自然、保护自然,与自然和谐共生,才是人类在地球上长久生存的正确选择。

—— 白鲟

登陆——
从"鱼"到
"人"的转折

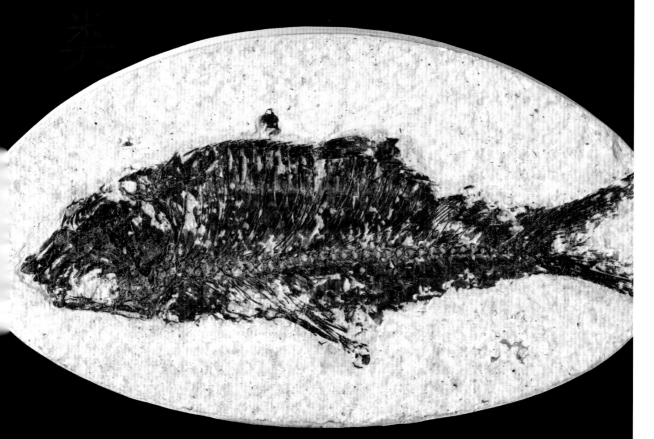

"无心插柳柳成荫",泥盆纪鱼类的大逃离竟然成为改变陆地生态的壮举,甚至称得上"脊椎动物演化史上的重要转折点"。人类追溯自身起源时,目光往往停留在古老的鱼类。的确,鱼类的登陆可以说是"鱼类的一小步,人类演化史上的一大步"。近百年来,鱼类化石研究成果日益增多,人类一点点拼凑起了演化史上的这段辉煌历程。

鱼类的完美突围：从海到陆

距今 4.2 亿年前，劳伦大陆、波罗地大陆、阿瓦隆尼亚大陆发生了剧烈的碰撞，巨大的山脉从地壳中隆起，也带来了旷日持久的降雨。不久，这片得到滋润的大地上出现了小溪、河流。那些终日徜徉在大洋的鱼类无意间游至河口。渐渐地，越来越多的鱼将河流区域占为栖息地，淡水鱼类开始繁荣。

志留纪末泥盆纪初，受全球性地壳运动——加里东构造运动的影响，海水大规模后退，海域面积持续缩减。与此同时，陆地露出水面，形成许多高山，地形变得复杂。率先登陆的植物在陆地上疯狂生长，在泥盆纪迎来了它们的盛世，开始进入新的演化阶段。地球历史上最先拥有维管组织的陆地植物——裸蕨，在泥盆纪晚期趋于灭绝，取而代之的是高大的石松和真蕨。这个时期的植物慢慢摆脱没有根、茎、叶分化的形态，分化出各类组织、器官，日渐成为结构更复杂的草本植物和木本植物。随着多细胞种子蕨植物的出现，植物能够忍受更为严酷的陆地环境，于是，它们深入大陆腹地，向广袤而荒芜的内陆进军。

维管植物的繁盛使得地球的氧含量升高，大气氧含量甚至达到了地球历史上的新高。这有助于依赖氧气生存的生物群体日益壮大，泥盆纪的海洋中更是出现了以邓氏鱼和裂口鲨为代表的庞大、凶猛的海洋霸主。海洋空间越来越拥挤，随处可见凶猛的捕食者，生存危机在鱼类群体中蔓延。现实生存状态与曾经"海阔凭鱼跃"的美好场景相去甚远，弱小的鱼类不得不另谋生路。

> **小链接**
>
> ### 加里东构造运动
>
> 加里东运动是古生代早期（寒武纪、奥陶纪、志留纪）地壳构造运动的总称。它以英国苏格兰的加里东山命名。志留系及更早地层被强烈褶皱，与上覆泥盆系呈明显的不整合接触，形成从爱尔兰、苏格兰延伸到斯堪的纳维亚半岛的加里东造山带。在华夏地区形成了华南造山带。

裸蕨化石

石松化石

　　与此同时，沧海桑田。海陆变迁让近海区域变成了低洼的泥潭甚至干涸的陆地。陆地上的植物残体大量输入近海，湖沼中充满了腐枝烂叶。这些有机质被微生物大量分解，同时也消耗了大量的氧气，使近海变成了缺氧的"有毒区域"。生活在这里的鱼举步维艰，进退两难：向前是从未涉足的陌生地带——陆地，向后则是生存竞争处于白热化的大海。这些鱼在生存压力下没有坐以待毙，逃离日渐干涸的"水塘"似乎是它们唯一的出路。幸运的是，泥盆纪的陆地还未出现大型捕食者，比起"僧多粥少"、危机四伏的海洋，深入内陆的河岸带上，一片繁盛的植物正在随风摇曳，期待水里的鱼类投入它们的怀中。

纵然一些鱼"顺流而下"，穿越重重险阻，在新的水域找到了新生，继续它们悠闲自得的"鱼类生活"，也还是有一些总鳍鱼经历气候干旱与湿润反复交替的考验，演化出适应陆地生活的肺和四肢。虽然身体后半部仍然披覆鱼鳞，但借助偶鳍内骨骼的爬行功能，它们颤颤巍巍地来到陌生的新天地——陆地，已经具有义无反顾"逆流而上"的勇气和坚毅，依靠自身的力量迈开了征服大陆的脚步，从而开拓出了脊椎动物在陆地演化的崭新局面，并在泥盆纪晚期演化出原始的两栖动物形态。

泥盆纪陆地破天荒地出现了森林。在美国纽约州吉尔博阿、挪威斯瓦尔巴特群岛和我国安徽省新杭镇附近发现的大量树桩化石佐证了历史性的生态巨变。由于水陆间频繁的交互作用，河道深入内陆，穿梭于森林中，为两栖动物的繁盛营造了有利环境。

回顾地球生命演化史，鱼类小小的"上岸"举动如同广袤大地上的弹丸一样渺小——陆地与海洋不过咫尺之距，只需一步跨越。但对于习惯了海洋生活的鱼类来说，这一步却是历经"九九八十一难"的艰难过程。

真蕨化石

泥盆纪总鳍鱼（腔棘鱼）模型

鱼类登陆的四大关键事件

鱼类登陆并非破釜沉舟，也并非莽撞之举，倒像是"十年磨一剑"。实际上，鱼类还在海洋中生活时就已然为登陆做了充足的生物学上的准备。我们能从鱼类的漫长演化过程中寻到些许证据。研究表明，鱼类能在陆地上生存可能与 4 次关键的演化事件有关：颌对新陈代谢的积极影响、硬骨鱼类骨骼的支撑作用、偶鳍内骨骼的爬行功能和内鼻孔的呼吸效果。生物的演化过程如同一场接力赛，每一个赛段都有一个演化主题贯穿始终，接力棒有序地从一个主题交给下一个主题。在这 4 次演化事件的接续推动下，鱼类登陆成为一场必会成功的"创举"。

"颌"带来了新陈代谢的革命

颌，是生命形态上的一大突破。自 5.18 亿年前的寒武纪出现最早的脊椎动物以后，相当长的一段时间里，鱼类世界是无颌鱼的世界，其演化与处于鼎盛发展阶段的无脊椎动物相比稍显落寞。直到志留纪，海洋中才出现了许多身披骨甲的甲胄鱼，而甲胄鱼的一支演化出颌，并逐步发展壮大。目前发现的最早的有颌鱼类出现于志留纪，志留纪是无颌鱼类与有颌鱼类同台竞争的时代。在泥盆纪时期，有颌鱼类达到了物种繁盛的高峰。有颌鱼类的出现拉开了有颌脊椎动物演化史的序幕，实现了生命演化史上的革命性跨越。两栖动物、爬行动物甚至人类的口都演化自这些最早的有颌鱼类。

最初的颌从何而来？一种观点是颌由支撑鳃的鳃弓的前端部分演化而来；另一种观点是颌由隔开口腔和咽喉的骨骼演化而来。无颌鱼类仅有简单的如吸盘般的圆口，只能寄生于其他动物体或依靠滤食等摄食方式生存。例如，甲胄鱼的口后方有拱形的软骨状鳃弓，肌肉收缩时带动鳃弓的

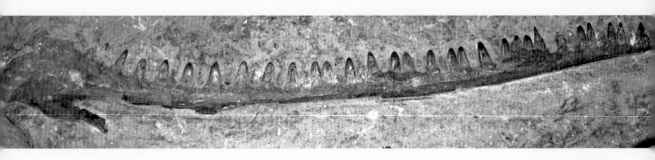

伊利爪齿鱼（一种
肉鳍鱼）的颌化石

收缩，将水流吸入并滤食其中的微小生物。有观点认为，随着无颌鱼类的
演化，鳃弓逐渐前移并重叠在一起，形成了上、下颌，控制吸水的咽部肌
肉逐渐演变为控制上、下颌启闭的肌肉群，鳞甲也演化为坚硬的牙齿。这
些特征伴随着鱼类的演化逐渐强化，颌愈加灵活，牙齿更加坚硬且多样化。
颌的出现是新陈代谢的革命，大大提高了摄食和呼吸效率。

　　自此，有颌鱼类开始发展更多样的生活方式和形态特征。它们可以不
再栖居于海底，终日以滤食或吸食为生，而是拥有了在海洋中自由自在地
游泳和摄食的可能性。它们也不再受限于小小的圆口，而可以张开大口，
食物更加多样。丰富的食物来源让有颌鱼类在海洋这个生存角逐场中游刃
有余，许多大型的"海洋霸主"也应运而生。

　　在这场持续白热化的生存竞争中，颌所带来的生存优势不断驱动着有
颌鱼类其他身体结构的精细演化，为登陆做足准备。对于无颌鱼类而言，
呼吸与摄食都依靠鳃弓等结构，因而难以同时实现这两种功能的最优化。
颌的出现让呼吸与摄食分别由两个相对独立的结构承担，呼吸与摄食过程
有所分离。在脱离了"唇亡齿寒"的相互依存关系后，呼吸器官与摄食器
官便开始迅速演化，这极大地提高了鱼类对环境的适应性，进一步驱动了
不同生态位的鱼类的分化，让鱼类家族更加多姿多彩。这样的分化无疑为
鱼类登陆带来极大的便利。

"硬骨"催生了新的鱼类形态

长久以来，古生物学家认为，软骨鱼相较于硬骨鱼更为原始。软骨鱼所具有的未骨化的脊椎、软骨脑颅、较为原始的颌部结构、歪型尾等特征接近原始有颌类。因此，早期一些学者认为，盾皮鱼和硬骨鱼可能起源于与软骨鱼相似的祖先。但近年来，在重庆特异埋藏化石库发现的蠕纹沈氏棘鱼颠覆了这一认识。我国科学家研究发现，蠕纹沈氏棘鱼是软骨鱼，但具有盾皮鱼所具有的包围肩带和背部的膜质骨片。这表明所谓软骨可能是次生退化而来，它们可能起源于"披甲戴胄"的盾皮鱼。

2013年中国科学家在云南省曲靖市麒麟区潇湘街道石灰窑村距今4.25亿年前的志留纪地层中发现了初始全颌鱼。该鱼是盾皮鱼，有着盾皮鱼典型的膜质骨甲，却又长着一张硬骨鱼才有的嘴巴。这一发现在盾皮鱼和硬骨鱼之间架起了桥梁。菱形鳞只在硬骨鱼中发现，被认为是该类群的典型特征。初始全颌鱼的体侧鳞可分为12种形态类型。其中一类鳞具备平行四边形的轮廓，整体形态与硬骨鱼标志性菱形鳞出奇地一致。这一结果首次将盾皮鱼与硬骨鱼的鳞联系起来，表明硬骨鱼标志性的菱形鳞要比软骨鱼的典型盾鳞更为原始，后者为一特化类型。

硬骨鱼与软骨鱼相比，最显著的变化便是骨骼的高度骨化，不仅涉及包括头骨、脊柱和附肢骨在内的内骨骼，还有覆于体表的鳞片。

硬骨鱼的鳃裂被鳃盖骨掩盖；坚硬的甲胄消失，取而代之的是体表呈

棘鱼复原图

硬骨鱼骨骼标本

硬骨鱼鳞片

覆瓦状排列的坚韧而轻薄的鳞片，既保证了躯干的强度，又提高了行动的敏捷性。因此，硬骨鱼能恣意游动，适应多样的水域环境。硬骨的出现，无疑将鱼类带到了一条新的演化道路上。

与此同时，骨骼的硬质化引发了演化的多米诺骨牌效应。例如，硬骨比软骨具有更高的骨密度，也就意味着体积相同的情况下，硬骨鱼往往具有更大的质量，这对于在海中游泳十分不利。为此，硬骨鱼演化出了具有气体容纳能力的身体密度调节器官——鳔。硬骨鱼可以通过调节鳔容纳的气体，使鱼悬浮在限定的水层，极大地减少浮沉游动时的能量消耗。鳔是软骨鱼所不具备的器官。

硬骨鱼所具有的种种生存优势使得它们的族群不断壮大，在不同的栖息地演化出形态各异的物种，其中就有最早登陆的鱼——肉鳍鱼。

鳔的起源

　　有学者认为，硬骨鱼的鳔与陆生脊椎动物的肺是同源器官。鳔和肺在化石中很难被保存下来，因此很难确定两者的演化次序。不过，利用鳔调节身体密度的硬骨鱼繁盛于三叠纪，具有功能完备的肺的哺乳动物在当时已经出现。再综合其他研究结果，至少可以认为，肺不可能由鳔演化而来。并不是所有硬骨鱼都有鳔。例如，一些营底栖生活的鱼，虽然早期发育过程中出现了鳔，但之后鳔退化，以适应底栖的生活习性。

欧鳊的鳔

"偶鳍内骨骼"拉开了"顶天立地"的序幕

　　在硬骨鱼中衍生出了至今仍占据着世界广大水域的辐鳍鱼，以及与四足动物起源息息相关的肉鳍鱼。准确地说，当我们追溯"从海到陆"的登陆史时，实际上是在探寻肉鳍鱼的过往。如今，包括人类在内的大部分四足动物的呼吸器官和四肢都起源于肉鳍鱼。

　　经过前仆后继的登陆尝试，肉鳍鱼最终成为动物中首批上岸的胜利者。大多数鱼都具有成对的鳍，称为偶鳍。不同于辐鳍鱼，肉鳍鱼在偶鳍内骨骼上做了修饰加工。肉鳍鱼的偶鳍均具有发达的肌肉。肌肉构成鳍的基部，可移动鳍条，实现鱼鳍的摆动。此外，肉鳍鱼的鳍内部还出现了硬质骨骼。例如，肉鳍鱼的胸鳍和腹鳍基部各有一块基鳍骨，可增强对躯体的支撑力。肉鳍鱼有由肌肉和骨骼构成的灵活、强壮的偶鳍。然而，比起

澳大利亚肺鱼
胸鳍结构

现存的一种肉鳍鱼
——澳大利亚肺鱼

辐鳍鱼，这样的结构是笨重的，因为它令鳍的柔韧性大大降低。

在陆地这一主要由重力控制的环境里，鱼类无法再依赖高密度海水带来的浮力，而是要靠自己"站"起来。可以说，肉鳍鱼对此有不少历练和经验。在登陆之前，它们已经能凭借偶鳍在海底笨拙地爬行。当它们爬上陆地，稍显笨重的偶鳍开始大显神通。强健的骨骼与肌肉配合，让身体得以克服重力、抬离地面，支撑着肉鳍鱼及其后代"立地"而行。肉鳍鱼的后代也像它们一样，在陆地上交替迈出偶鳍演化而来的附肢，缓步爬行，在与重力的持久斗争中，发展出更为强壮的附肢骨骼，肉鳍内的鳍条也特化为指、趾。就这样，一部分肉鳍鱼演化为两栖动物，继而一步步地将四足动物引入了生命演化史。

肉鳍鱼的这一次尝试，拉开了四足动物"顶天立地"的序幕。它们的偶鳍能演变成振动的双翼，也能演化成强健的后肢……四足动物的运动形式变得多样，探索的脚步也因此遍及大陆。

"内鼻孔"加速了从海到陆的进程

鱼类登陆的关键一步是改变依赖于水体的呼吸方式。它们做出的选择是放弃鳃呼吸，转向在陆地上更有效的呼吸方式——肺呼吸。实际上，早在肉鳍鱼登陆前，肺就已经出现。

从鳃呼吸转为肺呼吸，需要建立新的呼吸通道。鱼类长期依赖鳃呼吸，水流由口进入，由鳃排出。鼻孔只能提供嗅觉而不参与呼吸。大多数鱼头两侧各有两个外鼻孔，前外鼻孔是进水孔，后外鼻孔是出水孔，前、后两个外鼻孔间的通道与嗅囊相通，而无内鼻孔（鼻后孔），鼻孔与口腔或咽腔无任何联系。从前外鼻孔流入的水经过嗅囊后，直接从后外鼻孔流出。而陆地上的四足动物用肺呼吸，则需要建立一条独立于口的气体通道。内鼻孔的出现无疑是行之有效的方法。四足动物除了具有一对外鼻孔外，鼻

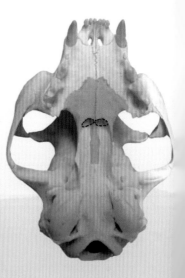

一种哺乳动物的内鼻孔（黑色虚线所示）

硬骨鱼的外鼻孔

腔内部还有一对连通鼻腔与咽腔的内鼻孔。从演化角度而言，内鼻孔的出现使空气顺利地进入肺，满足了动物对氧气的需求。当口部闭合时，空气仍能通过鼻孔进入身体。由此可见，内鼻孔对于鱼类登陆后的生活至关重要。可以说，内鼻孔是为四足动物"量身定做"的结构。

内鼻孔也是我们追溯四足动物祖先的依据之一。"总鳍鱼类是四足动物的祖先"曾是学界的共识，因为国外学者认为这一大家族中的扇鳍鱼具有用于呼吸的内鼻孔。然而，我国著名古生物学家张弥曼院士通过连续切片的方法，并未在杨氏鱼中找到内鼻孔的痕迹。杨氏鱼是在我国云南发现的一种总鳍鱼，它与扇鳍鱼在结构上有许多相似之处。张弥曼院士用相同的方法，再次对国外学者之前观察的扇鳍鱼化石标本做了研究，也没有找到内鼻孔存在的确切证据。她的发现，动摇了"总鳍鱼类是四足动物的祖先"这一观点的根基。由此我们也能看出，更多的化石证据、更先进的研究方法和技术，将为完整推演从"鱼"到"人"的演化路径提供强有力的支撑。

3.5亿年前，远古鱼类离开海洋时，"背"着它们的祖先留下的丰厚的"行囊"——颌、硬骨、肉鳍内骨骼、内鼻孔等都足以支撑它们在陆地远行。以肉鳍鱼为代表的鱼类率先迈出了从"鱼"到"人"的数亿年生物演化历史中极为关键的一步，开启了四足动物大繁荣的新篇章。

鱼类登陆过程的关键物种

从海到陆，鱼类要克服重重困难，进行身体形态的适应、呼吸和运动方式等方面的改变。无数的勇猛者冲锋陷阵，这一过程中不乏牺牲者，也有不少被化石记录下的"英雄"。它们串起鱼类蹒跚上岸的一路，连缀起那段艰辛的演化历史。

在跌宕起伏的鱼类登陆故事中，真掌鳍鱼可以说是被记录在化石地层中的首个主角。真掌鳍鱼是距离成功上岸只有一步之遥的开拓者。它们的化石最初于 19 世纪 80 年代在加拿大魁北克省被发现。起初，人们对这些化石不以为意，它们看上去与常见的鱼类并无太大差异。但仔细辨别一番，人们惊讶地发现这种鱼的骨骼暗藏玄机：它们的头骨不是由杂乱骨片拼图般连接而成的，而是由一系列成对的骨头组成，与两栖动物的头骨同源。尽管拥有如此精细的骨骼结构，但真掌鳍鱼仍未能利用鳍将自身抬离水面。不过，这也让科学家意识到这种鱼可能是两栖动物的祖先。人们由此为出发点，逐渐勾勒出鱼类登陆的路线。

已知最早的四足动物鱼石螈于 1929 年在东格陵兰岛晚泥盆世地层中被发现，成为真掌鳍鱼与后来的四足动物之间新的过渡物种。鱼石螈作为

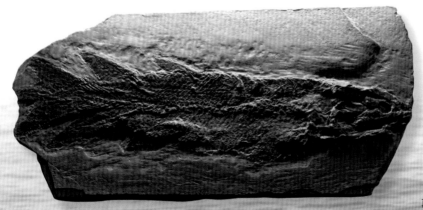

真掌鳍鱼化石

真掌鳍鱼复原图

鱼石螈头骨化石模型

早期四足动物的代表，在形态上仍保留着鱼类的特征：它们具有典型的鳍，身体表面披着小鳞片。然而，鱼石螈已能够在陆地上行进，它们的胸鳍和腹鳍鳍条已被骨骼支撑的四肢和趾（指）取代。即便如此，鱼石螈更多时候是依靠前肢拖着后肢前进。它们的前肢强壮有力，可在陆地上高效行进；后肢则起桨的作用，便于在水中游动。当然，从水栖动物到陆栖动物的演变并不是简单地把鳍转变为强壮的四肢，还离不开身体内部器官的诸多改变。鱼石螈不仅能够在陆地上爬行，还能通过肺从空气中获取氧气。与头骨相连接的脊椎也变得比鱼类的更加灵活，具有能够灵活转动的早期的"颈"，这样的构造极大地提高了鱼石螈在陆上运动的灵活性。

　　至此，鱼类从海到陆的演化史诗已有了基本框架，但其中缺失了重要的一环——真掌鳍鱼是如何演化到鱼石螈的？ 2006 年，发现于加拿大北部的提塔利克鱼填补了这一演化环节。从提塔利克鱼的化石可见其头骨扁平，牙齿锋利，头骨与颊部骨骼与早期四足动物的类似。它们的鳍已粗具四肢的形态，但鳍内部结构还是以鳍条为主，具有原始的腕骨与简单的趾（指）。在提塔利克鱼的肩胛骨和肱骨上可见明显的凹陷，这里可能是强健肌肉的附着处。从提塔利克鱼开始，鱼类已经演化到能够初步转动"腕"和"肩肘"的程度。人们猜测，提塔利克鱼能够像鳄鱼一样匍匐在浅水。浅水是典型的干湿交替区域。随着气候的变化，提塔利克鱼时而享受充沛的水源，时而需要在泥泞的沼泽中爬行，有时甚至需要越过干涸的地段去寻找其他水源。提塔利克鱼因此演化出可以支撑身体的鳍，获得了短暂的地面爬行能力，是鱼类登陆史中"第一条能够在陆上匍匐前行的鱼"。人们对提塔利克鱼的形态结构做了深入分析后，确认提塔利克鱼的鳍是鱼鳍

提塔利克鱼化石

彼得普斯螈复原图

向四足动物四肢演化的中间形态。与真掌鳍鱼和鱼石螈一样，提塔利克鱼也是鱼类从海到陆演化链条中至关重要的承前启后者。从提塔利克鱼的"近亲"——潘氏鱼的鳍上，能找到趾（指）骨形成的痕迹。提塔利克鱼尽管已获得"支撑"和"陆上运动"这两个登陆的基本能力，但还没有真正的四肢，进食与呼吸还无法完全脱离水。

　　随着越来越多的化石被发掘，人们得以不断地丰富演化链条上的细节。具有腕骨的提塔利克鱼，以及具有趾（指）骨的鱼石螈，都为鱼类向两栖动物的演化提供了重要线索。人们可以从鱼鳍结构变化的角度来审视这段演化历程。鱼石螈只是开启了陆地生活，而真正称得上在陆地爬行的，或许得看石炭纪的彼得普斯螈。1971 年，彼得普斯螈的发现又让人们得知了一个演化的转折点。在彼得普斯螈被发现后的 30 年间，人们一直将其误认作鱼类。实际上，彼得普斯螈没有可用来划水的鳍，却具有明显的腿部特征。它们的四肢均长有 5 根粗壮的趾（指），趾（指）尖朝前。肢端微小的变化造就了更实用的形态特征——彼得普斯螈不仅能在陆地上稳稳地支撑身体，还能依靠四肢稳健地向前爬行，成为已知最先具有真正四肢的四足动物。

　　时至今日，学界仍有很多关于最早登陆的鱼类的新发现与争议。我们虽然还不能说对鱼类登陆的每一个细节都了如指掌，但至少已对其有了提纲挈领的认识。我们从目前所发现的化石证据中已能浅窥泥盆纪晚期的肉鳍鱼怎样一步步抛弃了鳍，演化出了四肢，最终踏出了登上陆地的关键一步，已能构建起这鸿篇巨制的粗略框架。

从下至上依次为真掌鳍鱼、潘氏鱼、提塔利克鱼、棘螈、鱼石螈、彼得普斯螈。
从真掌鳍鱼到彼得普斯螈的演化

鱼类登陆后的四足动物时代

泥盆纪，鱼类逐渐舍弃鱼鳍，长出四肢，开启了陆地四足动物演化的新篇章。一般而言，史前四足动物是指早期演化出的陆生脊椎动物，最早出现在3.8亿年前的泥盆纪。经历了漫长的演化，包括两栖动物、爬行动物、鸟类和哺乳动物等类群的现代四足动物最终立足于这一蓝色星球。

最早的史前四足动物以两栖动物为主，但它们无法彻底摆脱对水体的依赖，还不能自由地扩散到陆地的四面八方。它们需要回到水中产卵，幼体在水中发育；即使是成体，也因皮肤和肺功能尚不完备，需要阶段性地回到水中。尽管如此，两栖动物面对着多样的陆地环境的同时，也面临着多种演化选择。此后，陆地生命的脚步开始朝多个方向演化。

羊膜卵——爬行动物崛起的关键

在3.4亿年前的石炭纪，已知最早的爬行动物——林蜥出现了。这种体长仅有20厘米左右的脊椎动物具有窄而高的头骨和关节灵活的腿骨，这些与现生爬行动物相似的进步形态特征说明林蜥还不是最原始的爬行动物。1860年，加拿大地质学家约翰·道森是在沼泽森林遗迹中发现林蜥化石的，人们据此推测当时的爬行动物仍生活在靠近水的环境中。它密集而锋利的细小牙齿或许是适应以小型无脊椎动物为食的习性的结果。这组化石在人们眼前缓缓铺开了爬行动物演化的画卷。

林蜥复原图

林蜥化石发现者道森对林蜥
生活环境的复原

　　爬行动物在三叠纪达到鼎盛，这得益于它们在演化上的"创举"——羊膜卵。两栖动物需要在水中产卵，因而无法离开水，这极大地限制了它们的分布。要想深入内陆，就必须消除这一弊端。与两栖动物相比，爬行动物的胚胎外面多了一层膜——羊膜。羊膜像保护罩一般将胚胎笼罩在羊水环境中，确保卵的湿润和形态稳定。羊膜还可以维持胚胎的温度和营养供应，同时阻挡有害物质，从而提高胚胎的存活率。羊膜无疑能为爬行动物胚胎发育提供一个独立安稳的环境，使其摆脱对外界水的依赖。这一结构上的改变意味着爬行动物能够在各种陆地环境中繁衍生息。无论是干旱的沙漠、寒冷的极地，还是高海拔的山地，它们都能找到适宜的繁殖地，这也极大地促进了动物种群的扩散。

　　石炭纪森林遍布地球，大气氧含量达到地球历史最高。一方面，地球趋向于冰室环境，另一方面，干燥和高氧环境使遍布世界的森林处于极易燃火的危险境地。"石炭纪雨林崩溃事件"的爆发也就成了很自然的事件。两栖动物因无法适应干旱的陆地环境而逐渐没落。爬行动物则凭借着羊膜

恐龙蛋化石

卵这一优势，无畏地深入大陆腹地，与两栖动物在生态位上分道扬镳，之后发展出了不少大型种类，如威名远震的恐龙家族（当然，并非所有的恐龙都是体形庞大的）。早在恐龙崛起之前，已有不少爬行动物声名鹊起，但它们未能给人们留下拥有羊膜卵的证据。恐龙却在地层中留下了确凿的拥有羊膜卵的证据——恐龙蛋，这恐怕是目前能找到的年代最久远的羊膜卵了。据推测，恐龙蛋可能具有比之前的爬行动物羊膜卵更加坚硬的外壳，这也是恐龙王朝得以筑建的原因之一。

从主龙开始的恐龙王朝

在中生代早期，陆地几乎合为一块大陆，动物们在这片广袤土地上自由漫行，其间也有不少登陆鱼类的后代重返海洋。于是在中生代，出现了爬行动物遍布海、陆、空的盛况：海里有我们所熟知的鱼龙、蛇颈龙等，空中则有翼龙，侏罗纪的陆地上更是遍布形态各异的恐龙。

　　远古爬行动物中，恐龙一直是人们津津乐道的明星动物。它们的故事得从主龙说起。二叠纪和三叠纪之时，还是半水生动物的主龙已经占据大部分陆地。例如三叠纪中期的吐鲁番鳄，它们外形似鳄，后腿和尾巴强壮有力。在不断演化的过程中，它们学会用强壮的后腿行走，用尾巴保持平衡。于是，在三叠纪的中晚期，用两足爬行的恐龙出现了。

　　最初诞生的恐龙不过是无名小卒，它们甚至还是大型鳄类和其他古爬行类的捕食对象。然而，恐龙秉承着祖先与生俱来的肉食习性，拥有两足

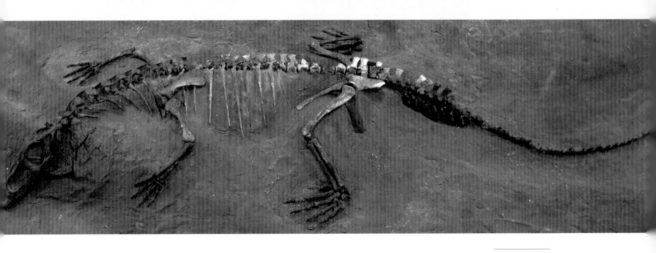

吐鲁番鳄化石

爬行、快速奔跑的本领，演化非常快，在三叠纪末期便演化出众多类群。三叠纪末期，古大陆的开裂导致岩浆活动频繁且强烈。伴随大西洋的形成，喷涌而出的岩浆极大地影响了地球环境。大气中的氧气含量大幅减少，不少动物深受其害；而且"火山冬天"的形成，使大批生物难以抵御寒冷而死亡。相比于主龙，恐龙有着得天独厚的生存优势。恐龙特有的气囊使它们能够储存气体并提高氧气利用率，尿酸排泄有助于在干燥条件下留住体内的水分。此外，恐龙由于身披羽毛，抵挡住了寒流的侵袭，躲过了这场生物大灭绝。其他大型古爬行类在三叠纪末期的大灭绝事件中纷纷退出演化舞台，恐龙却成了这场惨剧中的幸存者。

小链接

"火山冬天"

"火山冬天"又称"阳伞效应",指大气污染物或火山喷发物质等对太阳辐射的削弱作用引起的地面冷却效应。三叠纪末期盘古大陆的解体很可能引发了强烈的火山活动,大量火山灰和气溶胶阻挡了太阳辐射,导致地表温度骤降。

自此,恐龙开启了欣欣向荣的家族发展征程。到了侏罗纪时期,恐龙已然成了陆地的主宰。它们演化出了多种多样的形态,足迹遍及所有大陆,包括如今人类仍然无法长期居住的南极大陆。恐龙在陆地霸主的宝座上稳坐近1.4亿年。它们当中既有凶猛的肉食性恐龙,又有温顺的植食性恐龙;既有体形矮小的美颌龙,又有体长二三十米的巨龙。地球各大陆处处可见恐龙。体形修长的腕龙、披甲持锐的剑龙、凶猛残暴的异特龙等明星种类,让人们不由得感叹恐龙王朝的繁盛。

强大的恐龙家族在白垩纪迎来了发展巅峰,恐龙物种的多样性达到历史最高,尤其是鸟臀类家族出现了大量新物种。三角龙、甲龙、鸭嘴龙等都是白垩纪的物种。此时,恐龙已是打

美颌龙化石

长颈巨龙复原图

副栉龙复原图

遍天下无敌手，家族内斗成为当时生物界的一大奇观，各大陆均发现了植食性恐龙与肉食性恐龙争斗的场景。为了生存，恐龙家族的成员你追我赶、各显神通。霸王龙演化出可以刺穿猎物头骨的巨大牙齿，鸟臀类恐龙纷纷"披戴盔甲"武装自己，甲龙的背上则长满骨片用以防御；副栉龙真正具备了咀嚼能力，连刚刚出现的有花植物也成了它们的食物……

　　距今 6 600 万年前后，激烈的竞争停歇。长达千万年的火山喷发，使地球环境陷入极为恶劣的状况。恐龙自身的繁殖能力大大降低，留下数量极为可观的恐龙蛋化石。而当一颗直径 10 千米的小行星突然撞击地球，恐龙王朝便在这场灾难之中轰然倒塌。尽管之后的地层中几乎再未出现恐龙家族的遗迹，但"恐龙"并未彻底消失。侏罗纪后期，一些肉食性小型兽脚类恐龙的后裔学会了飞行，演化成了鸟类，成为新生代的"天空霸主"。

从哺乳动物到人类

在爬行动物发展壮大之时，哺乳动物的祖先也开始了上下求索的漫长演化。哺乳动物的起源可追溯到三叠纪的似哺乳类爬行动物。在整个三叠纪到白垩纪的漫长时间里，大多数似哺乳类爬行动物一直保持"娇小"的体形，营穴居生活，避开恐龙锋芒，选择了与恐龙不同的生态位。它们在这个大型爬行动物耀武扬威的星球上苟且存活，却也在悄然演化。似哺乳类爬行动物中有些已具有类似哺乳类的特征：四肢与身体垂直，头骨具合颞窝，有两个枕髁，下颌的齿骨发达，有槽生的异型齿。

目前已知的最早的哺乳动物出现于三叠纪晚期。它们体小如鼠，只有十几厘米长，牙齿有了门齿、犬齿、臼齿的分化。在大多数爬行动物昼出夜伏、横行霸道的三叠纪，早期哺乳动物大多选择昼伏夜出，以躲避敌害和强有力的竞争对手。正因如此，哺乳动物夜视能力日趋强大，色觉能力却愈渐薄弱。哪怕到了今天，除了以人类为代表的灵长类之外，许多哺乳动物都是红绿色盲甚至只有黑白色觉。哺乳动物的毛皮大概也正是为适应在寒冷的夜间活动而发展起来的。

里奥格兰德巴西齿兽复原图

飞天翔兽复原图

獭形狸尾兽复原图

在距今 1.65 亿 ~ 1 亿年的侏罗纪中晚期至白垩纪早期，哺乳动物迎来了快速辐射演化时代。近年来，在我国时有早期哺乳动物的化石被发现，如侏罗纪中晚期地层的远古翔兽、獭形狸尾兽，从化石中清晰可见骨骼甚至皮肤、毛发等。哺乳动物飞天遁地、上树下水，抢占更多的生态位。一些在树上攀爬生活的灵长类动物的前肢演化成了灵巧的手，手具 5 根灵巧的指，原本的爪尖被指甲取代。这些细微的改变大大提升了它们在树丛中的运动能力。它们在林丛树冠之中建立起了自己的部落，逐渐发展出了社会性和复杂的交流行为。

恐龙时代终结后，潜伏于地球生物圈角落的哺乳动物迎来了演化上的重大转机。地球在新生代步入了哺乳动物时代。灵长类动物，也在这一时期开始了迅猛发展，演化出猴、猿和人。灵长类动物为了适应树上生活，不再在夜间活动，而是在白天摄取树冠层的食物。为了更好地取食水果、捕食昆虫，灵长类演化出了更高的三维视觉能力以及身体灵活性。显著大于其他哺乳动物的大脑容量也让它们能够更好地处理双眼接收到的视觉信息。视觉的发展推动了其他器官的演化，手脚并用的运动方式刺激了大脑皮质的功能分化。在漫长的演化过程中，灵长类动物的脑容量逐渐增加，

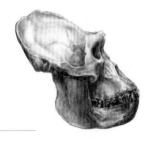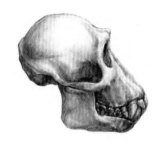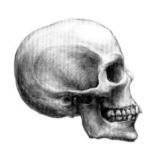

大猩猩（左）、黑猩猩（中）和人（右）的头骨比较

大脑皮质折叠程度越来越高。在猩猩等大猿物种出现之后，这种趋势变得尤其突出，并在人这一类群中达到了顶峰。这也是人类区别于其他灵长类的重要方面。

　　事实上，鱼类登陆之后的陆地生物演化史远比文字所记述的精彩，寥寥文字难以尽述这段节奏激昂的生物演化进行曲。鱼类登陆后的四足动物时代见证了生命从水域到陆地的坎坷开拓之路。从最初的具四足的两栖动物到有羊膜卵的爬行动物，再到灵长类的崛起，每一步都为陆地动物的多样性和复杂性做出了重要贡献。如果没有鱼类登陆，便没有如今哺乳动物和鸟类繁盛的新世界，人类今日对远古生物的探索更是无从谈起。

海洋古生物留给人类的启示

对于地球而言,"远古"与"历史"这两个厚重的词语背后是无数生命的漫长演化历程。古往今来,斗转星移,沧海桑田,过往的生命永远停留在时空中,化为地层中的化石,成为人类探秘寻踪的"宝物"。我们虽不曾亲历蓝色星球诞生的宏伟场面,也无法见证远古生命的出现与消亡,却幸运地拥有能够帮我们探索过去的化石。我们每一次摩挲地层、挖掘化石,都是在为一部地球史诗做细节的还原,让"远古"与"历史"更加明晰。这部史诗已记录下地球 46 亿年的光阴,从混沌之时开始,到如今生机盎然的生命乐园,并且还在继续书写。

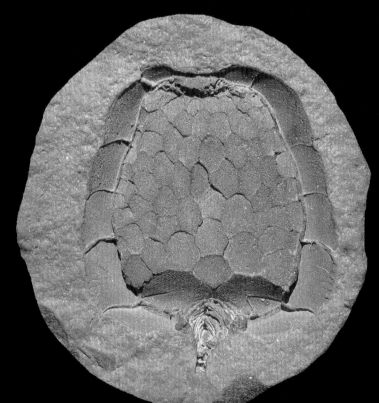

海果纲动物化石

见微知著，从化石见证生物的演化

从地层中发现的化石显示，古生物的演化就像一棵树的生长，从主干长出分枝，从分枝长出更细的分枝和叶子。生命一经诞生，就与周围环境息息相关，在环境的影响下不断演变。在时间之手的推动下，多姿多彩的生命遍布世界。

距今 38 亿年前，生命演化伊始。彼时的生命只是一个个小小的原核细胞，甚至都没有细胞核。叠层石清晰地记录下它们的身影。在很长的一段时间里，生命一如既往地单调，就像螺旋上升过程中的很多时刻看不出明显的抬升。殊不知，生命正在积累演化的"素材"，只为漫长岁月之后的飞跃。

原核生物诞生十几亿年之后，新型的真核生物终于被地层记录下来。真核细胞相比原核细胞，有了真正的细胞核和更多的细胞器。不同细胞器

生命演化历程（示意图）

各司其职，拥有更强大的功能。真核细胞的细胞核 DNA、线粒体 DNA 和叶绿体 DNA 各不一样，遗传信息更加丰富，有利于生物多样性的发展。此后，原核生物继续在自己的"圈内"发展，演化出具有不同代谢特征的类群；真核生物则开始了声势浩大的生命大厦建造工程。最开始，真核生物只是搭积木般地进行简单的同质细胞堆积——多细胞生物出现了。多细胞生物比"孤军奋战"的单细胞生物更具生存优势，在埃迪卡拉纪如同惊雷一般呈现爆发式演化。埃迪卡拉生物通过简单地扩大体表面积以增大身体与空气的接触面，然而，体表面积的扩大也给它们的生存带来了极大的负担。最终，埃迪卡拉生物黯然退出了生命演化舞台。但生命的声音并没有湮灭，它们由弱变强，终于爆发出一声响彻云霄的呐喊——在漫长地球历史的一瞬间，生命再一次完成了飞跃。埃迪卡拉纪的幸存者放弃了重复建构的策略，转而发展感觉器官、运动器官、神经系统等，催生了寒武纪生命大爆发的盛况。比起埃迪卡拉纪的多细胞生物，寒武纪的生物更加复杂和多样。现代主要生物类群的祖先们在寒武纪的生命狂欢中悉数登上地球舞台。

寒武纪生命大爆发之后，生命演化树开始向各个方向伸展枝干，变得枝繁叶茂。在奥陶纪，昆明鱼的一些后代披上厚重的甲胄；另一些则在志留纪表现出颌的特征，沿着一条前途光明的演化道路一步步前进，最终成

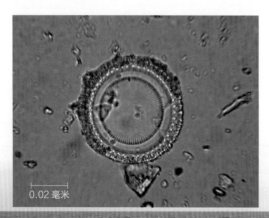

0.02 毫米

显微镜下的古近纪硅藻化石

为海洋生存挑战的胜利者，繁衍至今。

我们通过对化石形态结构的研究，也能理顺生物系统分类的脉络。科学家根据化石中的丰富信息，能够确定不同物种之间的相似性和差异性，进而确定物种的亲缘关系，并构建出较为完整和准确的生物分类系统。我们正是借助这些证据，才能一路溯游而上，找到人类的近亲、祖先。这些证据有助于我们更好地理解生物的多样性和演化历史，同时也为其他学科如生态学、进化生物学提供重要的参考。

一叶知秋，从化石回溯地球环境的变迁

生命演化并不是一路坦途，地球上不只有凯歌回荡。相反，无数生命在自然力量的巨掌之下被碾碎，沦为灭绝事件的牺牲品，为少数幸存者铺就前进之路。生命演化是与地球环境变化相适应的。远古时期的地球曾经历多次环境巨变，也发生过多次生物大灭绝事件，这些都被地层中的化石忠实地记录下来。通过这些化石，我们也能一窥地球环境的变迁。

化石记录了生物所生存环境的特征。我们所熟知的海百合化石，就是用以反映原位海洋水动力环境的重要指征之一。比如，生活在低扰动的海底环境中的海百合，通常生有较粗壮的萼，这是为了增加浮力而采取的形态策略；处于水动力较强的海底环境中的海百合，则因为能获得充足的营养物质，体形通常比在平静海域生活的同类更大，同时，为了抵抗水流的扰动，其根部也更发达。科学家常根据生物适应环境而产生的形态差异来还原古海洋的环境特征。

化石是我们探寻过去气候变化模式和机制的证据。通过分析海洋生物化石，我们可以推测过去的温度范围、季节变化以及气候带的分布情况。具有硬质外壳的古生物往往是古地球气候研究的热点。像鹦鹉螺的外壳甚至鱼类的牙齿中就保存了破解彼时气候特征的密码，科学家能从微小

的分子、离子特征中捕捉到关于古海洋水文条件的线索，还原古海洋温度、盐度、氧含量等关键环境因素的变化，进而推测当时地球的气候情况。

化石还充当了地球时钟的角色。珊瑚体表的环纹、双壳类的生长线以及远古时代藻类叠层石的生长纹路都是准确的地球时钟。有了这些证据，科学家不仅可以推测生物自身的年龄，还能总结出它们所处地质时代中的年、月、日变化规律，进而推算出地球自转的速率。地球自转速率的微小变化又能影响地球上辐射热量的分布，从而影响地球气候的变化。

化石也见证了沧海桑田的海陆巨变。通过研究化石，科学家能推测各个时期地球上海洋和陆地的位置，回溯地球的过往。化石的分布可以还原大陆的隆升和沉降、海洋的扩张和收缩等地质事件。科学家在青藏高原上发现的海洋生物化石就将海陆变迁的壮阔历史铺陈在世人面前，讲述了青藏高原的前世今生。远古时期，青藏高原所在位置还是一片汪洋大海。隔海相望的印度板块，在地球内力的推动下由南向北运移，最终与欧亚大陆碰撞，俯冲至欧亚大陆之下。青藏高原由此开始了它的"生长"，逐渐从一片汪洋中抬升、隆起，甚至部分地区变成雄伟的山脉。这一海陆巨变过程可以从化石得到体现，双壳类化石就是海陆巨变的证据。科学家发现，青藏高原拉萨地区地层中广泛分布着各个地质时期的双壳类化石，从三叠纪中期到白垩纪的化石发生了从冷水型到暖水型的转变，这说明青藏高原"生前"所处的板块从南半球高纬度的寒冷地带移动到了炎热的赤道地区；而在青藏高

鲨鱼牙化石

白垩纪三角蛤化石

原藏南地区发现的早白垩世双壳类化石全部为淡水型，记录下藏南地区在白垩纪趋离水面的过程。青藏高原上的化石只是一扇回看地球海陆变迁的窗口。地球生物每一次向新环境的拓展、每一次悄然消退，无不受环境变化的驱动。读者尽可以从化石中寻找更多线索，还原地球环境变迁的壮观场面。

有人会问：我们去挖掘古老的化石、研究地球的历史，究竟有何用处？不同人或许对此有不同见解。过去无法重演，即使是技术最先进的实验室也难以精确还原复杂条件下的生物演化与地球演变。未来无法预知，但人们可以基于规律预测。人类在地球这一天然试验场中，回望过去，想象未来，不仅仅是出于对这个古老星球及自身起源的好奇心，更是为了进行关于生命与地球演化的深刻思索，这事关人类能否到达可持续发展的美好未来。人们常说"保护地球，就是保护我们的未来"，也有人说"地球不需要保护，需要保护的是我们人类"，这些都是我们应该思考的话题。我们能通过全球平均气温的细微变动、物种的加速灭绝发现端倪：生命的演化从未停止，也不会止于人类。地球漫长的46亿年历史已经告诉人类，沧海桑田，风起云涌，万物更迭，每一次重创都未熄灭生命的火焰，地球在千疮百孔之后总能迎来生命的春天。或许地球不需要我们拯救，我们却需要保护地球以拯救我们的未来。

青藏高原

图书在版编目（CIP）数据

海洋生物溯古 / 冯伟民主编. -- 青岛 : 中国海洋
大学出版社, 2024.12. -- （"海洋与人类"科普丛书 /
吴立新总主编). -- ISBN 978-7-5670-3797-7

Ⅰ. Q178.53

中国国家版本馆CIP数据核字第2024X07R08号

书　　名	海洋生物溯古
	HAIYANG SHENGWU SUGU
出版发行	中国海洋大学出版社
社　　址	青岛市香港东路23号　　　　　邮政编码　266071
出 版 人	刘文菁
网　　址	http://pub.ouc.edu.cn
订购电话	0532-82032573（传真）
项目统筹	孙玉苗
文稿编撰	林华英
图片统筹	姜佳君
责任编辑	孙玉苗　姜佳君　　　　　　电　　话　0532-85901040
照　　排	青岛光合时代传媒有限公司
印　　制	青岛海蓝印刷有限责任公司
版　　次	2024年12月第1版
印　　次	2024年12月第1次印刷
成品尺寸	185 mm × 225 mm
印　　张	8.25
字　　数	144千
印　　数	1～3 000
定　　价	69.80元

如发现印装质量问题，请致电13335059885，由印刷厂负责调换。